直流换流站运检技能培训教材

调相机

国家电网有限公司设备管理部
国家电网有限公司直流技术中心　组编 ●
国家电网有限公司调相机运检技术中心

中国电力出版社
CHINA ELECTRIC POWER PRESS

U0743536

图书在版编目（CIP）数据

调相机 / 国家电网有限公司设备管理部, 国家电网
有限公司直流技术中心, 国家电网有限公司调相机运检技
术中心组编. -- 北京 ：中国电力出版社, 2025. 6.
(直流换流站运检技能培训教材). -- ISBN 978-7-5198
-9360-6

Ⅰ. TM342

中国国家版本馆 CIP 数据核字第 20244K6R06 号

出版发行：中国电力出版社
地　　址：北京市东城区北京站西街 19 号（邮政编码 100005）
网　　址：http://www.cepp.sgcc.com.cn
责任编辑：雍志娟
责任校对：黄　蓓　朱丽芳
装帧设计：郝晓燕
责任印制：石　雷

印　　刷：三河市万龙印装有限公司
版　　次：2025 年 6 月第一版
印　　次：2025 年 6 月北京第一次印刷
开　　本：710 毫米×1000 毫米　16 开本
印　　张：16.75
字　　数：265 千字
定　　价：100.00 元

编 委 会

前言
PREFACE

截至 2024 年 12 月，国家电网公司国内在运直流工程 35 项，其中特高压 16 项，常规直流 14 项（其中背靠背 4 项），柔直 5 项（其中背靠背 1 项），换流站 69 座。公司系统海外代维直流 3 项（美丽山 1 期、美丽山 2 期、默拉直流工程）。随着西部"沙戈荒"风电光伏基地和藏东南水电大规模开发外送，特高压直流将迎来新一轮大规模、高强度建设，预计到 2030 年将新建 26 回直流工程。其中到 2025 年将建成金上—湖北、陇东—山东等直流，开工库布齐—上海、乌兰布和—河北京津冀、腾格里—江西、巴丹吉林—四川、柴达木—广西等 5 回直流工程；到 2030 年，再新建雅鲁藏布江大拐弯送出、内蒙古、甘肃、陕西"沙戈荒"新能源基地送出共 17 回直流。直流输电规模快速增长和直流输电技术日益复杂，使部分省公司直流技术人员不足、新工程运检人员储备不足、直流专家型人才缺乏的问题日益凸显。

为加强直流换流站运检人员技能培训，国网直流技术中心受国网设备部委托，组织湖北、上海、江苏、甘肃、四川、湖南、安徽、冀北、山东公司和相关设备制造厂家专家，在收集、整理、分析大量技术资料的基础上，结合现场经验，经过多轮讨论、审查和修改，最终形成了《直流换流站运检技能培训教材》。整个系列教材包括换流站运维、换流变压器、开关类设备、直流控制保护及测量、换流阀及阀控、阀冷却系统、柔性直流输电、调相机以及换流站消防九个分册。编写力求贴合现场实际且服务于现场实际，突出实用性、创新性、指导性原则。

由于编写时间仓促，编写工作中难免有疏漏之处，竭诚欢迎广大读者批评指正。

编 者

2025 年 4 月

目 录
CONTENTS

第一篇

调相机主机

第一章　理　论　知　识

第一节　调　相　机　概　述

调相机是一种无功补偿装置，运行于电动机状态，不带机械负载，同时也没有像火力发电机组中汽轮机这样的原动机，主要用于发出或吸收无功功率，改善电网功率因数，进而维持电网电压水平。在特高压直流输电工程中装备大型调相机的目的是：对于送端电网来说是在直流换相失败时吸收过剩无功，防止系统电压抬升；对于受端电网来说是在电网故障时提供无功支撑，提高换相失败恢复能力。

一、大型调相机的特点

目前，国内生产的大型调相机主要按冷却类型分为双水内冷同步调相机和空冷调相机。双水内冷同步调相机通过在定子和转子线圈内部通水进行直接冷却，同时定子铁心及转子本体采用通风冷却。而空冷调相机则采用整体通风冷却方式，冷却定子绕组、转子绕组及定子铁心等。300Mvar 大型调相机因其动态响应速度快、具备自发强励磁能力等显著优点，已成为特高压直流输电中改善电能质量、进行有效无功补偿的关键设备。

（一）主要技术优势

（1）具备过载能力且无功输出受系统电压影响小。在强励作用下可短时间内发出超过额定容量的无功，并且对于持续时间较长的故障可提供较强的无功支撑。

（2）具备进相能力。调相机进相能力可达额定容量的 1/2 及以上。

（3）运行稳定性好。调相机在制造上不存在技术难度，设备技术成熟，运行稳定性好。

（4）使用寿命长，占地面积小。调相机使用寿命约 40 年，占地面积约为同容量 SVC 的 1/3。

（二）运维特点

调相机属于旋转设备，运行维护相比较静态设备复杂，涉及较多专业，对运维人员素质要求更高。

二、主要技术性能

（一）暂态性能方面

根据换流站对调相机暂态性能的要求可知，需要调相机在最短时间内输出最大的无功功率，这就要求新型调相机的饱和直轴超瞬变电抗 X''_d、不饱和直轴瞬变电抗 X'_d 尽可能的小，以提高调相机暂态顶值无功功率；此外，还要求与暂态过程相关的直轴短路瞬变时间常数 T'_d 要尽可能的小，以提高调相机暂态无功功率的爬升速度。

（1）提高次暂态性能，要求调相机直轴超瞬变电抗 $X''_d < 0.14$。通过优化定转子槽型，减少定子串联有效匝数，进而减小定子漏抗，减小 X''_d，提升调相机的次暂态性能。

（2）提高暂态性能，要求直轴短路瞬变时间常数 $T'_d < 0.95s$。为降低调相机的直轴短路瞬变时间常数 T'_d，可以采用调整定子直径、绕组并联支数，优化定子槽型，降低定子绕组的漏抗，优化转子槽型，降低转子绕组漏抗，优化转子通风系统，加强转子冷却，提高转子绕组电阻等方法，从而减少 T'_d。

（3）强励能力要求：强励电压 3.5 倍（$0.8U_N$）时；电流强励 2.5 倍强励电流持续时间不小于 15s。按照"IEC60034 旋转电机"及"GB7064 隐极同步发电机技术要求"规定，转子过载能力满足（$I^2 - 1$）$t = 33.75$，而对应特高压换流站的要求为（$2.5^2 - 1$）$15 = 78.75$，远超国际标准和国标要求。要优化转子槽型布置及冷却结构，提升转子过载能力。

（4）快速响应能力要求：高压侧母线电压不低于 0.6p.u.的情况下，调相机在强励电压下从空载至 300Mvar 无功输出时间不大于 1.2s。

（二）稳态性能方面

根据特高压换流站对调相机稳态性能的要求可知，调相机出力范围要求 $+300$Mvar~ -150Mvar，短路比 $SCR > 0.55$。

调相机进相运行时,励磁电流将降低,而零励磁时无功功率正比于短路比,若满足调相机进相无功-150Mvar,需要提高短路比在0.55以上以保证进相运行的深度,制造厂采取调整电机容量、气隙长度等措施提高短路比;端部漏磁场增加,端部损耗增大,制造厂采取优化端部结构设计,改善端部冷却来降低端部结构件的温升。

三、调相机系统组成

调相机系统组成主要有主机、封闭母线及中性点接地柜、励磁系统、升压变、变频启动系统（SFC）、冷却系统、油系统和保护系统等。如图 1-1-1 所示。

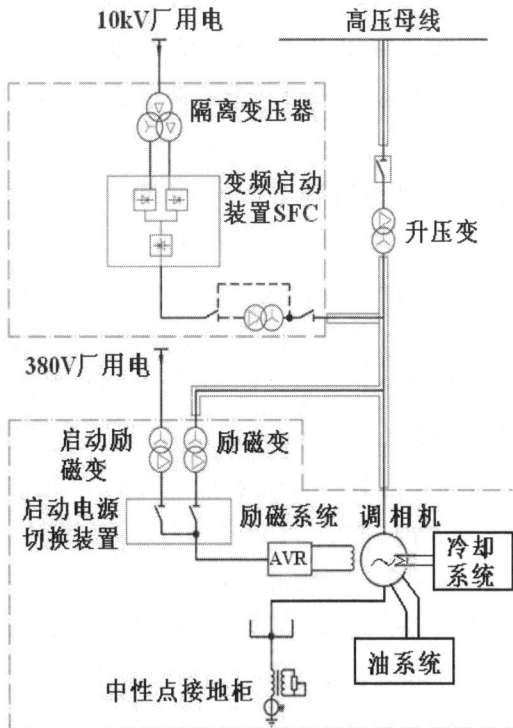

图 1-1-1 调相机系统组成

第二节　调相机主机结构

调相机按照冷却形式，可以分为双水内冷调相机和空冷调相机。

一、双水内冷调相机结构

（一）概述

双水内冷隐极同步调相机为卧式结构，包括定子机座、定子铁心、定子线圈装配、定子出线、转子装配、冷却器、进出水支座、轴承、集电环、盘车装置、出线盒和隔音罩等，它有以下特点：

（1）由于不用氢气，机座设计就不需要防爆和密封结构。因而调相机结构比较简单，定子机座的重量轻，使调相机最大运输件定子的运输重量和尺寸减少，便于运输；同时可省去密封油系统和氢系统（包括电站制氢设备）等，所以安装、运行、维护方便。

（2）调相机定子绕组和转子绕组用水内冷，运行温度低，绝缘寿命长，提高运行可靠性。

（3）转子绕组连续绝缘、匝间绝缘可靠。

（二）定子结构

1. 定子机座和端盖

由于双水内冷调相机定子铁心采用空冷，机座承受的空气压力很低，密封没有气密要求，所以由外罩板、机壁和内隔板、支撑板等组成的机座，只需具有一定的强度和刚度，能保护定子铁心和定子绕组，保证运输过程中不变形，同时机座的固有频率需避开工频和倍频。

定子机座由钢板焊接而成，采用上下哈夫结构，定子出线为上出线结构，空气冷却器安装在下机座两侧的冷却器支座上（如图 1-1-2 所示）。上机座采用外罩形式，便于检修。上下哈夫机座的接合面采用简易的槽钢、密封圈结构密封，并在轴向和径向位置布置多个定位块，此外，通过在机座的四个角位置使用连接螺杆进行连接，实现了上下机座的精确连接定位以及密封效果（如图 1-1-3 所示）。

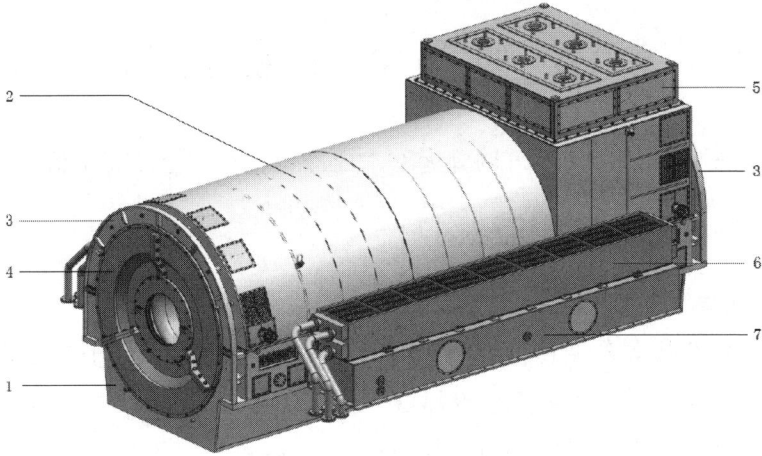

图 1-1-2 定子机座结构

1—下机座；2—上机座；3—外壁支架；4—外端盖；5—出线盒；6—冷却器；7—冷却器支座

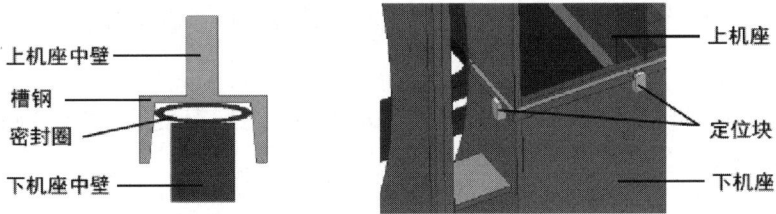

图 1-1-3 密封结构和定位结构

采用该结构的哈夫机座可以大大减轻上机座的重量，而且哈夫面不需要加工，结构简单，制造周期短，检修方便。

定子上机座的设计方法基本同下机座，各中壁和外壁的位置与下机座相对应，由于采用上出线设计，在对应出线位置处的机座设计成方形结构，机座上方安装出线盒，考虑到此处的支撑作用，需满足一定的刚度和强度要求，在此处增加一定量的筋板，考虑到上机座其余部分仅起到罩壳的作用，因此可以采用比较薄的筋板以减轻重量。上机座起保护定子铁心和定子绕组，并形成风路和运输保护作用。

定子机座和定子铁心采用两侧卧式弹簧板隔振连接结构。两块长条形的弹簧板沿轴向布置于下机座左右两侧，定子铁心的三档单环夹紧环左右两侧水平中心线位置各焊接一块弹簧板支架，弹簧板支架上的 U 形开口位置正好与下机座上的弹簧板相对应。将铁心放入下机座使弹簧板支架 U 形槽与弹簧板接触，铁心与机座完成对中后再将弹簧板支架与弹簧板焊接在一起，使下机座与铁心连成一体，下机座两侧开有通风孔，从铁心背部出来的热风经通风孔进入冷却器进行冷却（如图 1-1-4 所示）。

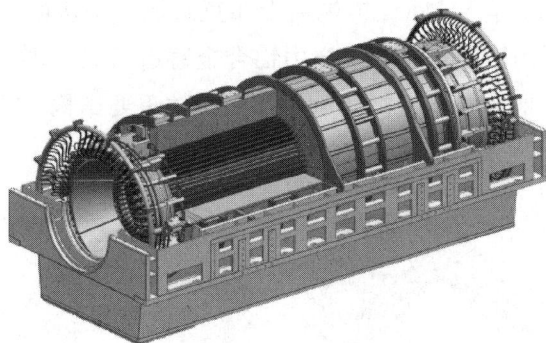

图 1-1-4　下机座与定子铁心装配

外端盖采用气封的形式实现对机座内部的密封。外端盖装配主要由两部分组成，一部分是与机座外壁支架连接的外端盖，另一部分是连接在外端盖上的气密封盖。外端盖采用三拼结构，由钢板焊接而成，主要材质为 Q235。采用三拼结构的优点是：在调相机大修时，只需拆除上面两块三分之一外端盖，而正下方的三分之一外端盖则无需拆除，且有利于哈夫面螺栓的安装。外端盖的定位通过其下方对称布置的调节螺栓来实现。外端盖与转轴之间装有气密封盖，外端盖上布置有调节螺栓用于调整气密封盖的安装位置。气密封盖具有以下特点：在气密封盖外表面上焊接通风管接头，与通风槽相通；气密封盖与转子之间采用多层挡风板进行密封；从机座内引出一路高压风与气密封盖上通风管接头相连，对机座内部进行气封，防止杂物进入（如图 1-1-5 所示）。

图 1-1-5　端盖

挡风盖装配主要由两部分组成，一部分是与机座外壁连接的内端盖，一部分是连接在外端盖上的导风圈（如图 1-1-6 所示）。其中内端盖采用三拼结构，由铝合金铸造而成。内端盖的定位通过机座下方对称布置的调节螺栓实现。内端盖与转轴之间装有导风圈，内端盖上布置有调节垫块用于固定导风圈的安装位置。导风圈采用四拼结构，同样由铝合金铸造而成，并通过螺栓连接和内端盖固定。导风圈是构成调相机通风冷却系统的重要结构，转子风扇在导风圈内高速旋转，产生气压差，形成冷却风路。

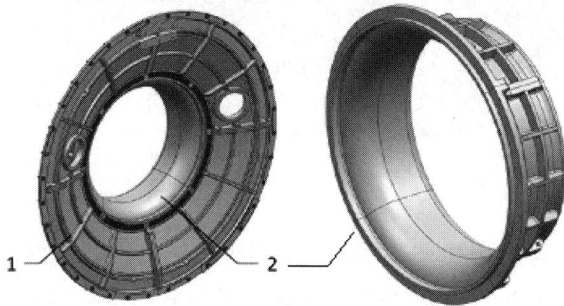

图 1-1-6　挡风盖结构
1—内端盖；2—导风圈

2. 定子铁心

300Mvar 双水内冷调相机定子铁心槽数为 48 槽，铁心采用高导磁率、低损耗的无取向冷轧硅钢片叠装而成，在扇形硅钢片的两侧表面涂具有高耐热性能的绝缘漆。

轴向用支持筋螺杆和对地绝缘的高强度反磁钢穿心螺杆，通过两端的齿压板及铝压圈，并用紧固螺母拧紧成为一个结实的铁心整体。压圈采用锻铝材质，还可以作为电屏蔽之用，对铁心端部区域进行屏蔽，使其免受杂散磁场的影响。铁心径向采用 4 个双环和 3 个单环的夹紧环收紧，并通过夹紧环与下机座上两根整长弹簧板实现与机座的卧式隔振连接，如图 1-1-7 所示。

其中 4 个双环，环与环之间采用管子支撑固定，3 个单环，用于实现与下机座的连接筋焊接，使铁心成为整体铁心叠装完成，装好支持筋后将 7 组夹紧环拼焊，考虑到起吊翻身要求，在每个双环的垂直位置上设有 2 块带螺孔的板，用于安装起吊，如图 1-1-8 所示。

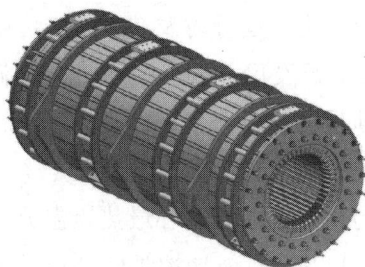

图 1-1-7　定子铁心

图 1-1-8　夹紧环一双环/单环

支持筋采用矩形碳钢，在矩形碳钢支持筋端部采用加焊圆钢结构。另外，支持筋底部采用环氧玻璃角形条与铁心进行绝缘，其中有一根支持筋通过软铜带受压变形实现与铁心全接触，并与夹紧环连接，再通过弹簧板与机座连接，使铁心可靠接地，有效防止铁心短路和跳火，如图 1-1-9 所示。

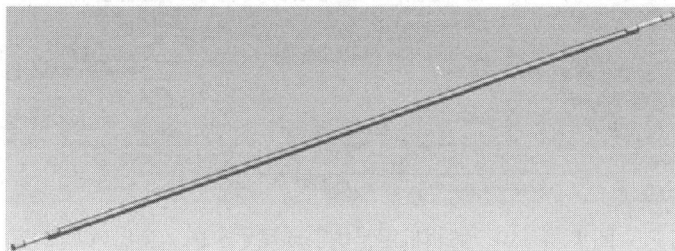

(a)

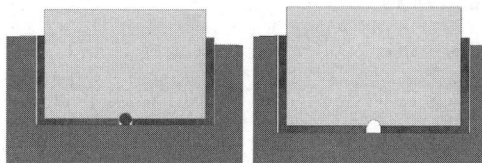

(b)

图 1-1-9　支持筋结构

(a) 单根接地支持筋；(b) 其他不接地支持筋

为了避免定子端部和结构件运行时发热，铁心边端每档铁心长度较短，齿部设计成阶梯状，并在齿上开设尺寸偏小的槽。铁心端部结构设计主要考虑结构件的损耗和温升，以满足调相机正常运行要求。

铁心本体通过通风道分隔成许多段，以保证定子铁心得到充分的冷却，为了进一步加强铁心端部的冷却，降低铁心最热点温升，采用变风道结构，在铁心入口处采用宽的径向通风道，有效地控制此处温升，使整个铁心的温升分布更均匀。

3. 定子通风系统

定子铁心采用径向全出风结构，除出线铜排和套管外，调相机定子沿轴向中心位置对称，出线端一侧调相机的具体风路为：冷却气体从端盖进风口由风扇打入，一路进入气隙，经定子铁心径向通风道流向铁心背部，冷却定子铁心本体及阶梯段；另一路绕过出线端定子线圈端部，冷却定子出线铜排和套管，然后流入定子背部，两路气体由机座出风口进入空气冷却器，如此循环，实现对调相机的冷却。风路示意图如图 1-1-10 所示。

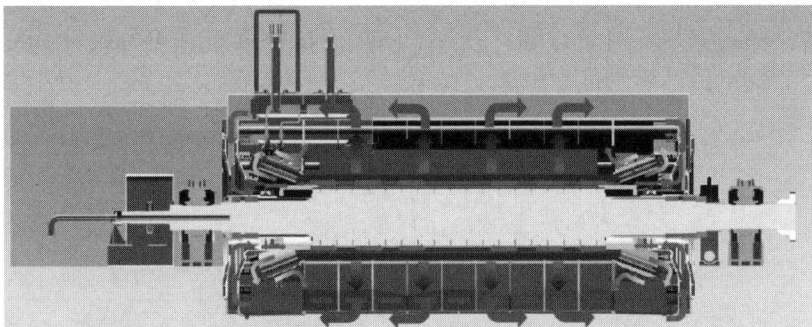

图 1-1-10　调相机定子铁心通风示意图（全出风）

4. 定子线圈及槽内结构

水内冷定子绕组为三相、双层绕组，双支路并联、Y 连接。定子绕组采用叠式绕组，每个线圈都是由两根条形线棒各自做成半匝后，构成所谓单回式结构，即在端部线鼻处焊接成一个整单匝式线圈。定子线圈对地绝缘采用 F 级环氧云母带连续绝缘，并对定子绕组进行了有效防电晕处理。

上、下层线圈为等截面设计，线棒由实心和空心扁铜线间隔排列而成，共两排，每排包括 3 根空心铜线和 12 根实心铜线，比例为 1:4。线棒中的空心导线通水又通电。铜线外包有玻璃丝绝缘。槽内股线间进行了 540° 罗贝尔换位，减少绕组股线间环流附加损耗。定子线棒端部为渐开线式，采用变跨角的结构，每层各有 8 种规格，确保线圈端部有足够的装配空间，如图 1-1-11 所示。

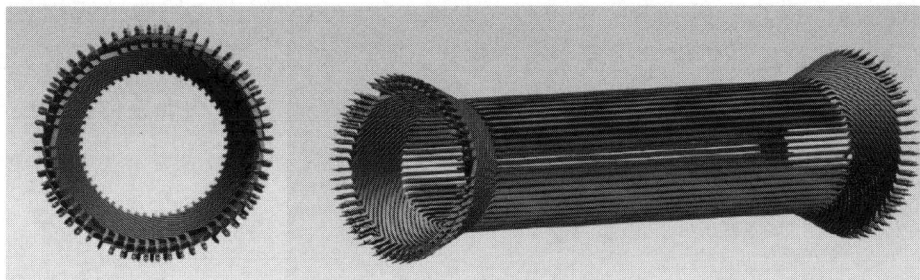

图 1-1-11　定子线圈布置图

定子线圈采用高强度模压槽楔的槽内固定方式，在铁心两端采用有倒齿的关门槽楔有效地锁紧，防止运行中因振动而产生的轴向位移。楔下设有波纹板及垫条，层间及槽底均设有垫条，在径向压紧线棒，保证定子线圈长期运行后不发生松动。为了线圈表面能良好接地，防止槽内电腐蚀，在侧面用半导体玻璃布板紧塞线圈。部分槽楔上开有小孔，以便检修时可测量波纹板的压缩量以控制松紧度（如图 1-1-12 所示）。

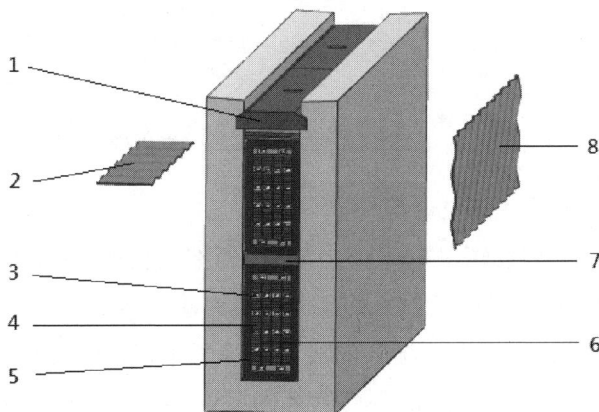

图 1-1-12　定子线圈槽内布置
1—高强度槽楔；2—高强度绝缘弹性波纹板；3—空心铜导线；4—实心铜导线；
5—主绝缘（防晕层）；6—排间绝缘；7—层间垫条；8—侧面半导体玻璃布板

5. 定子绕组绝缘及防晕

定子电压采用 20kV 设计，定子绕组主绝缘采用 F 级桐马酸酐多胶绝缘体系和模压工艺（含防晕层和内屏蔽）。

定子线圈的防晕是采用一次成型防晕结构，即低阻在直线部分结束，端部防晕采用三段式一次成型防晕带与表面覆盖带，后随线圈主绝缘一起固化成型。整个端部用环氧树脂浇灌成一个整体，使端部形成一个紧凑、自支撑、高强度的环形结构，这种结构更有利于高原地区的端部防晕，端部整体灌胶结构如图 1-1-13 所示。

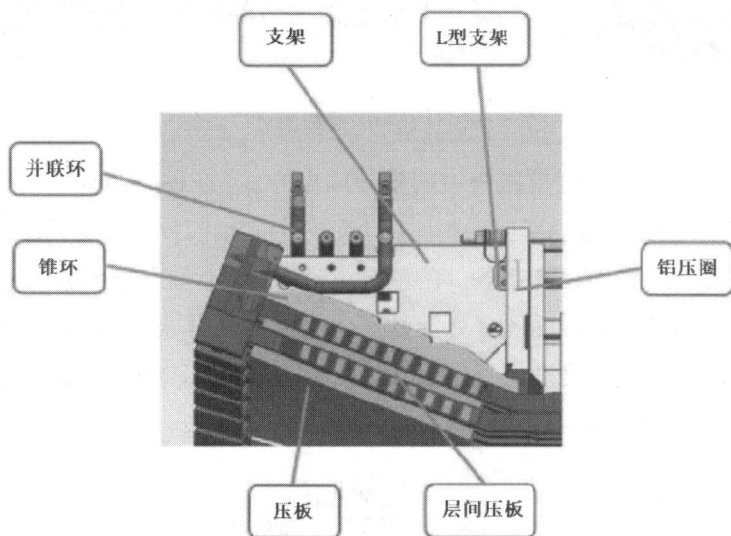

图 1-1-13 端部整体灌胶防晕结构

6. 定子线棒连接、水电连接结构

线圈的空实心股线均用中频加热钎焊在两端的接头水盒内，而钎焊在水盒上的球形接头则焊有反磁不锈钢水接头，用作冷却水进出线圈内水支路的接口。套在线圈上或总水管上水接头的成型绝缘引水管，都用卡箍将其与水接头箍紧。上、下层线圈以及相线圈与并联环的电连接由连接铜排夹紧球形接头而成，形成上、下层线圈以及与并联环的水电连接结构。水电接头的绝缘采用模压绝缘盒作外套，盒内塞满绝缘填料，以保证水电接头的绝缘强度，同时防止异物进入绝缘盒内。上、下层线圈间的水电连接如图 1-1-14 所示。

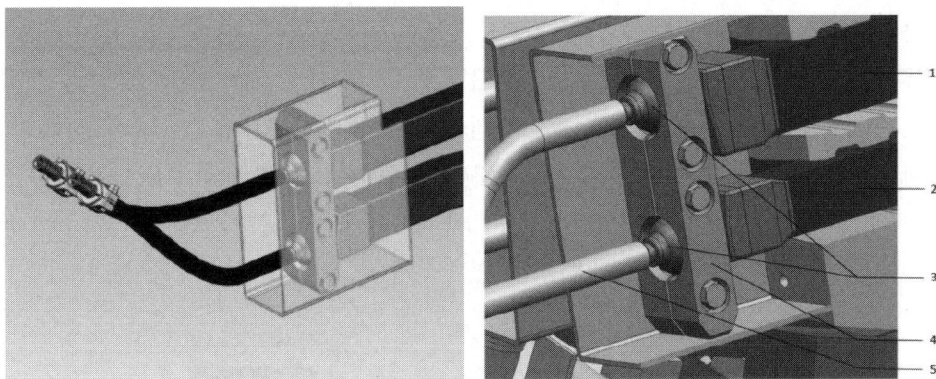

图1-1-14　定子线棒水电连接示意图
1—上层线圈；2—下层线圈；3—球形接头；4—连接铜排；5—绝缘引水管

　　在水内冷的定子绕组中既通电又通水，它必须有一个可靠的水电接头，使定子绕组按电路接通，又让水方便地引入和排出。因此水电接头是水冷调相机的关键部件。绕组鼻端上下层两线棒间的水电连接必须十分可靠，若发生渗水或漏水，则会严重影响调相机安全可靠运行，甚至造成重大事故。

　　7. 定子线圈端部结构

　　定子绕组端部支撑件主要为锥环、绝缘支架、L型弹簧板等，如图1-1-15所示。

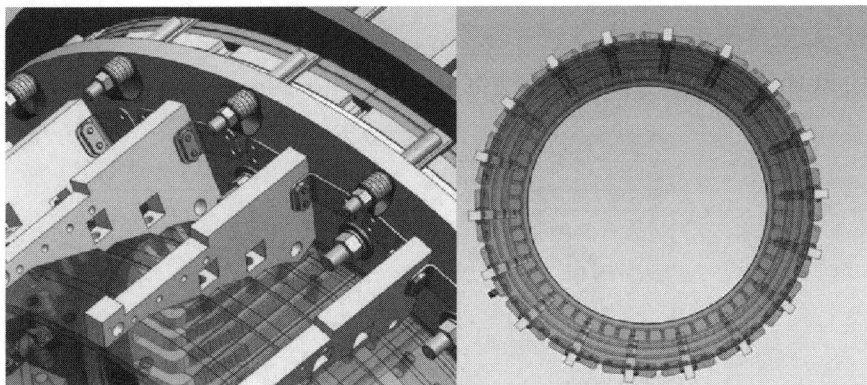

图1-1-15　支架与铝压圈连接及周向分布图

　　定子绕组端部采用整体灌胶结构，环氧灌注胶将定子端部绕组的间隙全部填满，上、下层绕组间以及上层绕组上均覆盖有整圈的弧形压板，配合适形材料、绝缘垫块和绝缘螺杆等结构件将伸出铁心槽口的绕组端部固定在绝缘大锥环内，成为一个牢固的整体；而绝缘大锥环的环体固定在绝缘支架上，支架的下部又通过弹簧板固定在铁心端部的铝压圈上、形成沿轴向的弹性结构，使绕组在径向、切向具有良好的整体性和刚性，而沿轴向却具有自由伸缩的能力，从而有效缓解了因运行中温度变化而铜铁膨胀量不同在绝缘中所产生的机械应力，并且能适应机组的频繁启动等工况。采用整体灌胶技术，可提高抗电网冲击能力，并大幅提升调相机端部的防晕、防水、防异物能力，如图1-1-16所示。

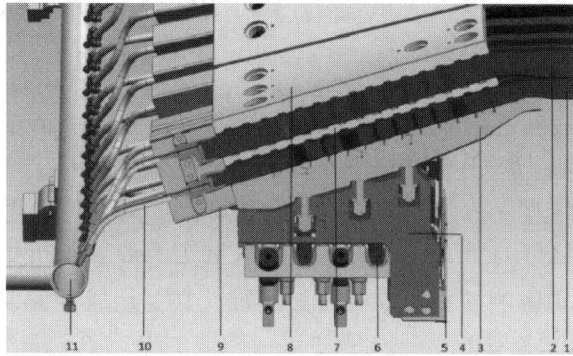

图1-1-16 定子线圈端部布置

1—下层线圈；2—上层线圈；3—锥环；4—支架；5—弹簧板；6—并联环；
7—层间压板；8—上层压板；9—绝缘盒；10—绝缘引水管；11—总水管

8. 定子并联环及出线

并联环结构采用了4排空心紫铜管，每排间隔90mm，如图1-1-17所示。

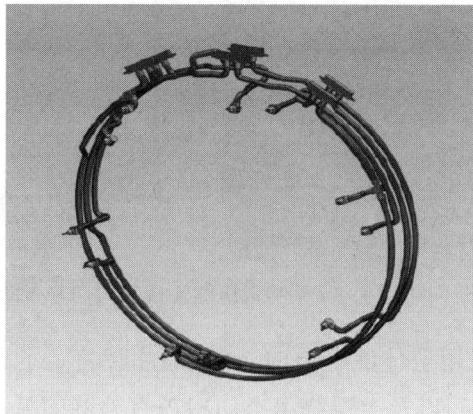

图1-1-17 并联环装配

基于出线结构为上出线以及装配的方便性、可靠性等方面的考虑，主引线采用了铜排结构。同时，考虑调相机出线端要放置 CT，故主出线设计采用套管结构，如图 1-1-18 所示。

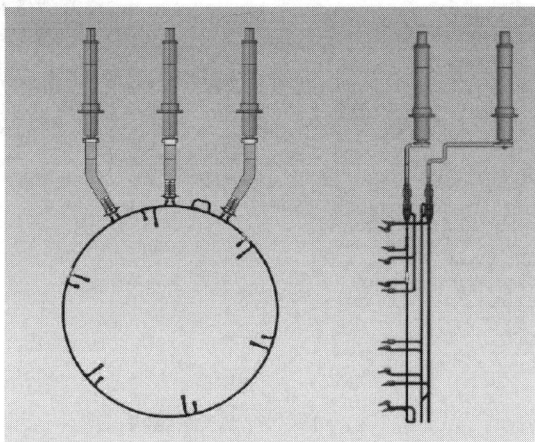

图 1-1-18　定子出线与并联环的连接图

9. 定子绕组水路

调相机内设有进水总管和出水总管，总进、出水管分别装在机座的出线端和非出线端，对地设有绝缘，运行时接地。进、出水口均放在汇流管两侧，排气管放在汇流管上方。进出水法兰设在机座的两侧，便于和机座外部总进出水管相联接，如图 1-1-19 所示。

冷却水从出线端的总进水管通过绝缘引水管流入定子线圈，再从线圈另一端通过绝缘引水管返回至总出水管。每根上层或下层线圈各自形成一个独立的水支路。这种方案水路短、水压降小、进水压力低。上层和下层线棒内的水流方向相同，进水侧线棒温升较出水侧低。

此外，另有一路冷却水从出线端的总进水管进入，经绝缘引水管流经线圈端部并联环，然后通过绝缘引水管流入相线圈，再从相线圈另一端通过绝缘引水管返回至总出水管。每根并联环与所串联的相线圈形成一个独立的水支路。

总水管与定子机座绝缘，可在通水的情况下测量定子绕组的绝缘电阻。在运行期间应将总水管接地。

总进水管接头数为 96 个，其中 12 个接头与并联环相连，剩余 84 个分别与上下层普通线圈相连，总出水管共有 96 个接头，如图 1-1-20 所示。

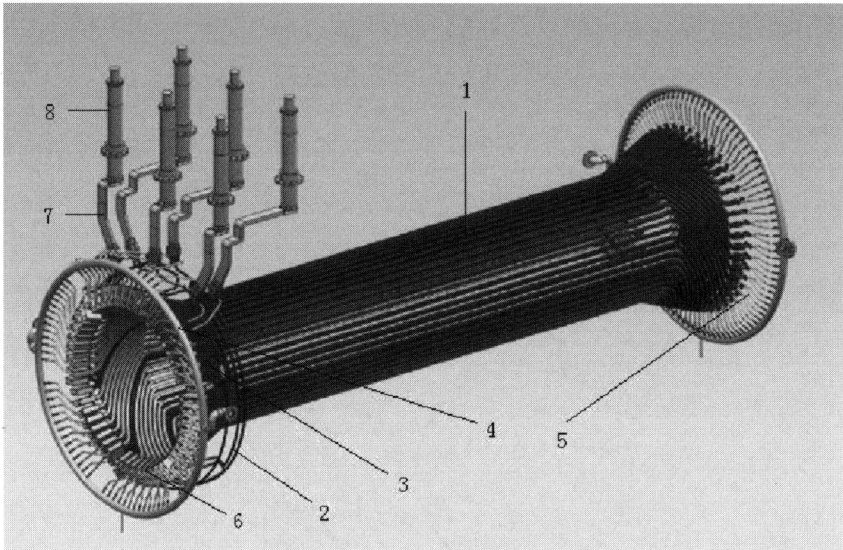

图 1-1-19　定子水路结构

1—定子线圈；2—并联环；3—锥环；4—总水管；
5—绝缘引水管；6—绝缘盒；7—主引线；8—出线套管

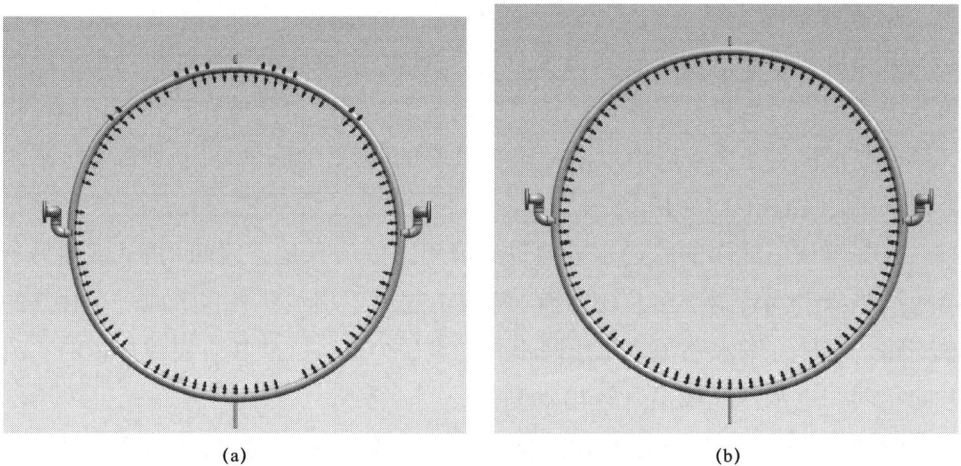

(a)　　　　　　　　　　　　　　　　(b)

图 1-1-20　总进出水管结构

（a）总进水管水接头示意图；（b）总出水管水接头示意图

　　为实时监测调相机的运行温度状况，调相机定子线圈配备的层间和线圈出水的测温元件。

　　针对调相机长期停运后，再起机时易出现绕组结露问题，水冷调相机在定、转子水系统装置中设有电加热器，保证冷却水在两小时内将水温从 20℃加热至 45℃。通过对水系统的水进行加热，并进行循环，使水温高于环境温度带走绕组上的凝露水。

（三）调相机的转子结构

调相机的转子，主要由转子大轴、励磁绕组、端部绝缘支撑部件、阻尼系统、护环、中心环、连接水管（进水、出水）和风扇等组成。下面主要介绍水内冷转子的结构特点。

1. 转子转轴结构

调相机转轴由高机械性能和导磁性能好的合金钢锻造而成，能够承受调相机运行中转子的离心力所产生的巨大机械应力。如图 1-1-21 所示。

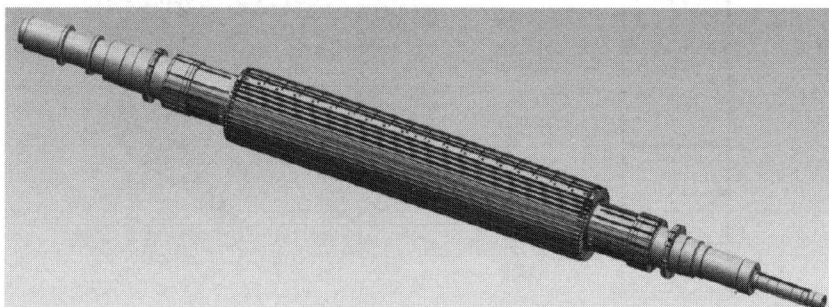

图 1-1-21　转轴

转轴本体上加工有 32 个嵌线槽，槽型为平行槽。在出线端轴中心设有用于通水的中心孔，孔内装有转子进水的不锈钢连接管。在转子轴伸端，近本体处，沿周向开有用于固定不锈钢引水拐角的槽；出线端还开有用于安装引线的引线槽。

调相机转轴本体大齿中心沿轴向均匀地开有横向月亮槽，以均匀转轴上两个轴线的刚度，降低转子的倍频振动，大齿上各有 18 个月亮槽。为了提高调相机承受不对称负荷的能力，提高阻尼作用和有效地削弱负序电流对转子发热等不利影响，调相机转子上采取了一定的阻尼措施（阻尼绕组）。转子每个大齿表面加工有 4 个阻尼槽，用于放置阻尼槽楔。由阻尼槽楔、转子槽楔、转子护环组成阻尼系统，使转子大齿表面感应的涡流沿着导电率较高的阻尼槽楔上流过，消除横向槽尖角处的热点，提高调相机不平衡运行能力。

2. 转子线圈及槽内结构

转子上开设 32 个嵌线槽，每个槽内采用大号、小号线圈并排布置。转子嵌线槽内主绝缘采用高强度的 F 级模压槽衬。转子绕圈采用外方内方空心铜线，每根铜线为一匝，铜线经绝缘后，在槽内的宽度方向布置成 2 排，每排有 6 匝组成。

转子线圈槽内固定由槽楔、楔下垫条和槽底垫条构成。槽底垫条置放在槽衬底部，防止在径向压紧线圈时槽衬受机械损伤。楔下垫条置放在槽楔和转子线圈顶匝之间，使槽楔与线圈径向夹紧。如图 1-1-22 所示。

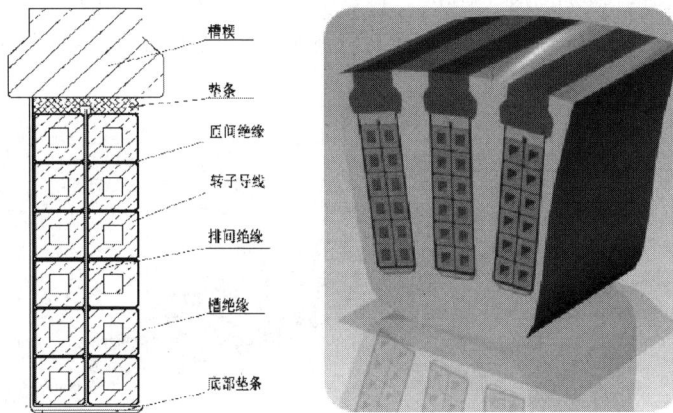

图 1-1-22　转子槽型及槽内布置

转子槽楔有铝合金槽楔和铜合金槽楔两种，同时兼起阻尼绕组的作用。槽楔一直延伸到护环下面，护环兼起了阻尼绕组的短路环作用，中间为铝合金槽楔。另外两端为铜合金在磁极表面设有放置阻尼槽楔的阻尼槽。

转子线圈采用连续绝缘，转子绕组匝间绝缘结构牢固可靠。

转子绕组大、小号线圈的电连接采用并联方式，进出水路连接由 16 条并联水路组成，转子线圈每条水路的进水由线圈底匝进，经数圈后，由顶匝出水。

铜线匝间绝缘为亚胺薄膜复合带半叠包 1 层后，再垫以 0.2 玻璃布板和 0.2 环氧玻璃坯布各 1 层，外面再半叠包 1 层聚酯薄膜作为保护。二排铜线之间还衬有 1 层用环氧玻璃坯布压成的绝缘作为排间绝缘。

3. 大护环

护环对转子端部绕组起着固定、保护、防止变形、位移和偏心作用。护环承受转子绕组端部及本身的巨大离心力、弯曲应力及热套应力等，由高强度的反磁不锈钢制成。护环的嵌装有以下三种基本形式：

（1）护环只通过中心环嵌装，护环端头与转子本体脱离，叫分离式嵌装；

（2）护环同时嵌装在转子本体和中心环上，叫两端固定式嵌装；

（3）护环只嵌装在转子本体上，叫悬挂式嵌装。

大容量电机均采用悬挂式嵌装的护环。调相机护环采用悬挂式结构，一端热套在转子本体端部的配合面上，另一端热套在与转子轴柄悬空的中心环上，以消除大容量调相机的转子自重挠度在运转中对护环及中心环产生的影响。护环热套面在阻尼系统中起到短路环作用。为了降低接触电阻，热套面经镀银处理。护环与转子配合面处的锁紧采用凸齿式。凸齿的齿分度与转子嵌线槽的分度数相同。在需要拆护环时，先将近转子大齿中心处的固定大护环轴向位置用的定位销向下压，拉出垫块，待护环被加热，热套面处配合松开后，用夹具将护环夹牢转过一个齿宽距离后，即可拉出。护环与转子线圈端部之间具有绝缘层，此绝缘层由数层环氧玻璃布板卷包并垫成与护环内径尺寸相同的锥形，再用绝缘销固定在线圈端部的绝缘垫块上。

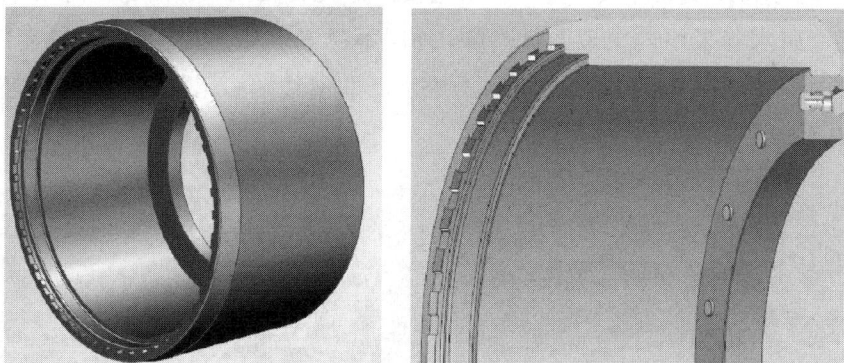

图 1-1-23　大护环

4. 小护环

在调相机运行时，为保护转子绝缘引水管和转子绕组引水弯脚在调相机运行过程中免受离心力损坏，在转子本体端部轴上铣槽，用槽楔固定转子引水弯脚，绝缘水管采用小护环热套固定。

小护环采用双拼式，分成两段，以减少转轴挠度在运转时对其产生的影响。

小护环内的各绝缘部件，由于形状各异，在制造厂内均为配做，用户在拆卸前应对其编号，避免重新放入时弄错。

5. 转子绕组端部

转子绕组端部由端部线圈、端部垫块、引水拐脚等组成，如图 1-1-24 所示。

图 1-1-24 转子线圈端部布置

转子绕组采用水冷方式，绕组需要连接引水管用于进出水。转子端部引水拐脚一端与端部线圈焊接，另一端用槽楔固定在转轴上，然后与绝缘引水管相连；绝缘引水管采用内层聚四氟乙烯，外层不锈钢丝补强，用小护环热套固定，出线端引水管接在底层线圈上，用于进水，非出线端引水管接在顶层线圈上，用于出水，如图 1-1-25 所示。

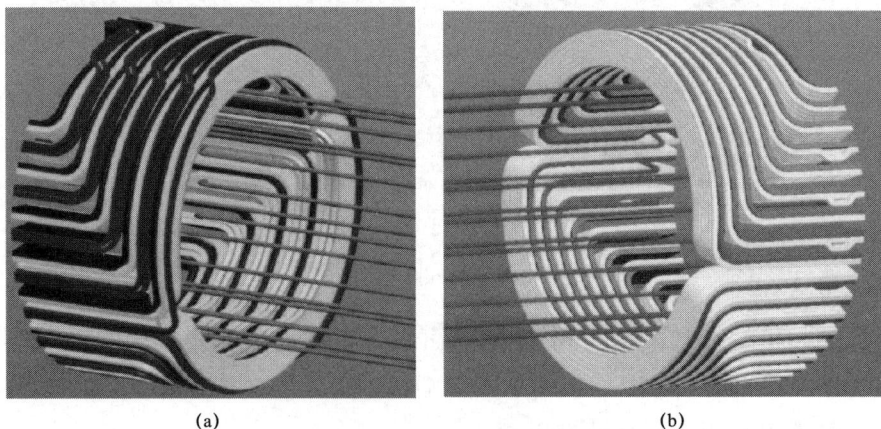

(a)   (b)

图 1-1-25 转子端部引水拐脚
（a）出线端；（b）非出线端

6. 进、出水箱

进、出水箱由不锈钢锻造加工而成，热套在转轴上，它们是转子进出水汇集及分流出去的关键部位。进水箱布置在转轴的出线端，它与转轴之间的水路密封是靠薄壁铜衬管涨紧。进水箱端面盖板可以拆卸，便于内部清洗，盖板与水箱间是依靠环形橡胶密封圈来密封。

出水箱热套在转轴的非出线端，在水箱两侧设有多个螺孔，一端与转子绝缘水管相连后接至线圈水接头上，另一端螺孔则用来出水，水被甩出后汇集至静止的出水支座中，随后进行热交换，实现往复循环。

7. 转子引线和集电环

集电环采用合金钢锻件并经热处理后加工而成，在集电环外圆表面车有螺旋形槽，以消除碳刷与集电环表面间在高速运转时形成的空气薄膜层，从而提升二者接触质量。集电环上开有许多斜向通风孔，2 个集电环之间还装有 1 只离心式风扇，集电环的通风系统采用上进风下出风方式，即进风从外罩顶部进风，出风管道布置在运转层下引出，可降低此处噪声，如图 1-1-26 所示。

图 1-1-26　转子集电环

磁极连接线构成了转子绕组与集电环之间的电连接，磁极引线与 1 号线圈出线端最下面一匝铜线连接，每极采用一根磁极引线。磁极引线的材料采用含银铜线，外侧包有绝缘材料，磁极引线与集电环间的连接采用斜楔固定，集电环上的腰形孔、钢制的成对斜楔及磁极引线铜带表面均镀银，以防止接触面被氧化，提高它们之间的导电性能，详见图 1-1-27。

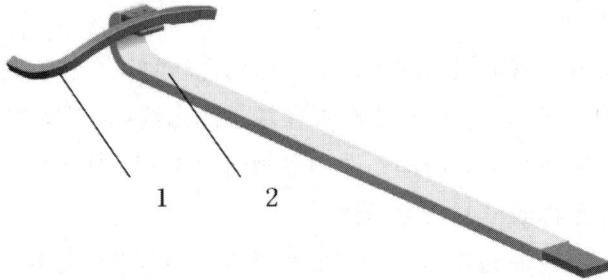

图 1-1-27 磁极连接结构

1—转子线圈；2—磁极引线

8. 转子水路部件

转子水路采用了先进成熟的防漏水技术，杜绝转子漏水问题。转子线圈冷却水路如图 1-1-28 所示，冷却水由出线端进水支座进入中心孔，经两根径向鏇管进入进水箱，然后通过绝缘引水管进入不锈钢拐脚流入转子线圈，冷却转子线圈后，再经出水拐脚进入绝缘出水管，流入出水箱，经过外部转子水系统，完成整个转子线圈水路循环。

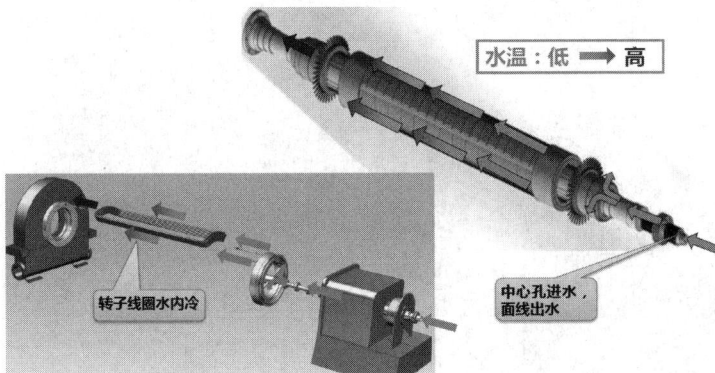

图 1-1-28 转子线圈水路结构图

（1）盘根密封进水支座：进水支座属于静止部件，转子冷却水外部进水管道与进水支座的一侧相连接，进水支座的另一侧则套在旋转的调相机转子进水管上，进水支座与转子进水管之间采用盘根进行密封。盘根采用最新 KKL 材质，不含石棉、石墨、导电材料等易污染水质的杂物。盘根具有较低的摩擦系数，耐磨耐温性能好，而且具有一定的强度及适当的柔软性，可通过收紧压盖使该处的密封更严密，能有效防止盘根材料脱落后进入转子冷却水中，从而保证进水更为可靠。如图 1-1-29 所示。

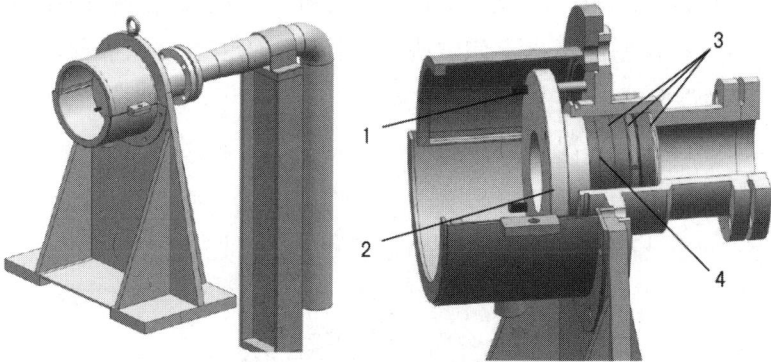

图 1-1-29　进水支座结构
1—调节螺栓；2—调节法兰；3—方形盘根；4—锥形盘根

（2）转子绝缘引水管：转子绝缘引水管安装在转子线圈与进出水水箱环之间，需要具有良好的绝缘性能和耐电腐蚀性能；同时还需要能承受冷却水因转子高速旋转引起的离心力以及启停机引起的应力疲劳。转子绝缘引水管采用外层不锈钢丝编织补强结构聚四氟乙烯绝缘引水管，限制了运行时绝缘引水管在受力情况下的变形量，也因此降低了绝缘引水管的应力，该绝缘引水管具备与调相机同寿命的能力，如图 1-1-30 所示。

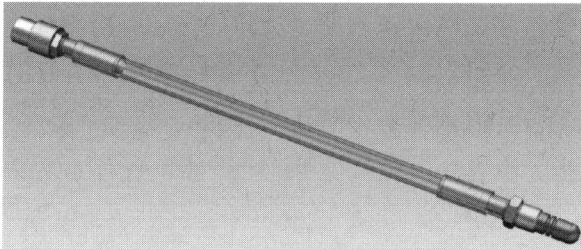

图 1-1-30　转子绝缘引水管

（3）高强度抗疲劳不锈钢引水拐角：引水拐角一端连接绝缘引水管，一端连接转子端部线圈。引水拐角同样需能承受因高速旋转引起的离心力，而且需能承受因离心力与重力共同作用产生的高周疲劳以及因启停机产生的低周疲劳。采用高强度不锈钢引水拐角结构，具有更好的机械强度，确保不发生漏水。

（4）无拼缝转子线圈结构：转子每个嵌线槽内的小号线圈、大号线圈均是由整根铜线弯制而成,中间无拼缝连接。小号线圈与大号线圈之间通过带引水拐角的导线接头管连接,连接处均采用火焰钎焊方式加工,确保转子冷却水路的密封性。

(5)多道梳齿密封出水支座结构:出水水箱环由不锈钢锻件加工而成,热套在转轴上,能防止冷却水对转轴的腐蚀。在水箱环、出水支座两侧各设1个泄水槽,保证在各种工况下能够对准,同时,在出水支座上共设有12道密封梳齿结构,如图1-1-31所示,确保密封性。

图1-1-31 多道梳齿密封出水支座结构

(四)电刷与刷架

调相机电刷是将励磁电流送入高速旋转的转子关键部件。

电刷采用天然石墨材料制成,有较低的摩擦系数和良好的自润滑性能。电刷与刷盒之间必须保持滑动配合,防止相互间夹牢。

刷架由导电板、刷握和出风罩等组成,刷架设有对地绝缘,刷架底部设有出风道。如图1-1-32所示。

调相机刷架按照模块化设计,采用组合式刷握,通风方式采用上进下出,集电环转子与调相机转子同轴。刷握顶部配有绝缘工具手柄,可供运行人员在不停车、不停电的条件下安全、迅速地更换碳刷。每个碳刷均带有1件恒压弹簧,它是由同心的薄不锈钢带卷制成的,能产生一个恒定的单向压力,保持电刷和集电环间恒定的压力,防止接触不良,保证电流分配均匀。如图1-1-33所示。不允许将不同牌号的电刷或不同压力的弹簧混装在同一只集电环上,以免电刷间电流分配不均匀而引起局部过热。

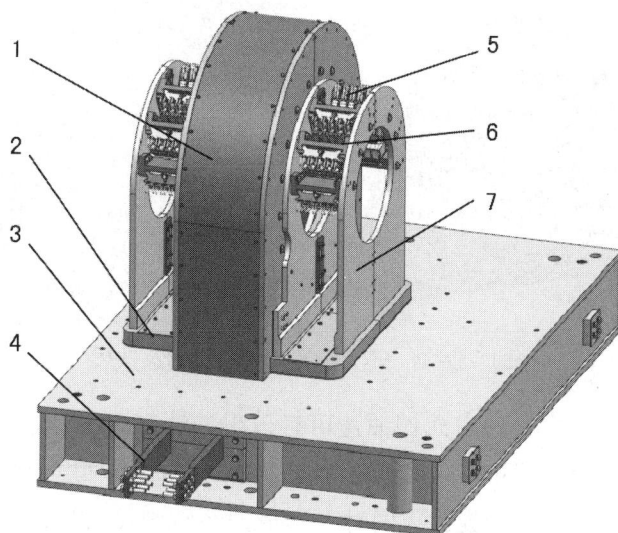

图 1-1-32 双水内冷调相机刷架

1—风扇罩壳；2—绝缘板；3—底架；4—主引线；5—刷握；6—刷盒座；7—导电板

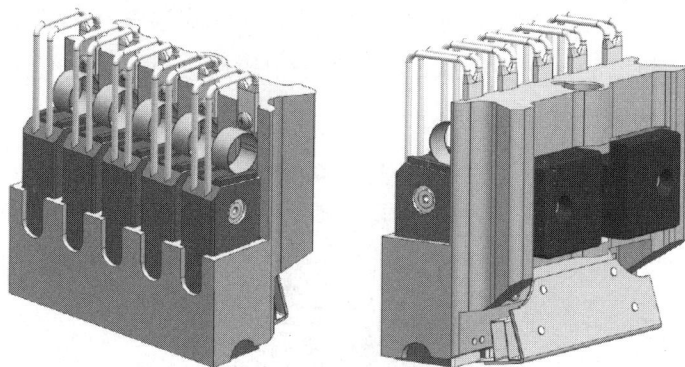

图 1-1-33 刷握

（五）轴承装配

调相机的轴承为落地座式轴承，每端各一个，轴承采用椭圆瓦轴承，具有承载力强、稳定性好、轴承损耗低等优良特性。调相机对转子轴向自由窜动具有限制要求。因此，在轴承结构设计中，调相机非出线端采用径向推力轴承，出线端采用径向轴承。轴承配置高压顶轴油系统用于机组启动和停机时减少转轴与轴瓦的摩擦阻力。轴瓦测温元件布置在轴承内用以实时监测瓦温，保护机组安全运行。如图 1-1-34 所示。

图1-1-34 双水内冷调相机轴承及轴瓦

座式轴承两侧配置迷宫式挡油盖可有效阻挡油雾漏出。调相机出线端轴承座与底板之间设有可靠的、能监测的对地绝缘，以防止轴电流的形成。轴承座上设有安装孔，配置测振元件。同时在润滑油系统中设有排油烟风机，确保油烟排放至厂房外。

（六）空冷器

空气冷却器采用穿片式，将散热片用涨管工艺穿装在冷却管上，增大散热面积，提高冷却器的热交换性能，冷却管采用耐腐蚀材料，空气冷却器装在调相机定子机座两侧。如图1-1-35所示。

图1-1-35 双水内冷调相机空气冷却器

（七）盘车装置

调相机转子非出线端配有电动盘车装置，在调相机起动时冲转转子以前或停机以后，使调相机转子转动，基本作用如下：调相机冲转前盘车，使转子连续转动，检查转子是否已出现弯曲和动静部分是否有摩擦现象；调相机必须在盘车状态下才能冲转，否则转子在静止状态下被冲转因摩擦力太大将导致轴承的损伤；较长时间的连续盘车可以消除因调相机长期停运和存放或其他原因引起的非永久性弯曲，如图1-1-36所示。

图1-1-36　盘车装置

二、空冷调相机结构

（一）概述

空冷调相机外形结构如图1-1-37所示。

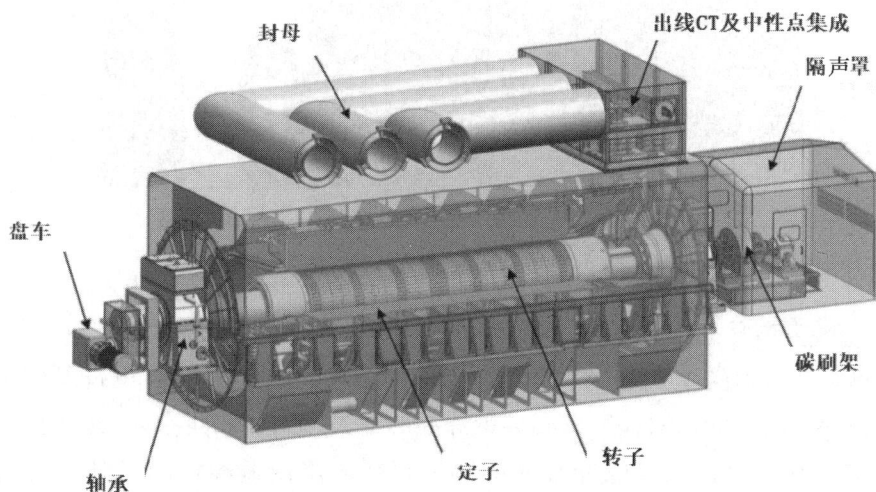

图1-1-37　空冷调相机结构与外形图

300Mvar 调相机采用空气密闭式循环通风系统，定子绕组和铁心间接空气冷却，转子绕组直接空气冷却，最大限度地降低了调相机主机及其辅助系统的复杂性，提高了调相机组运行维护的方便性；通过不断的优化调相机电磁设计方案，提高了调相机的暂态和动态性能，扩大了调相机的稳态运行范围；对调相机的设计、制造、运行和维护全面考虑，保障调相机组的安全可靠性。

调相机总体采用独立座式轴承、上出线、空气冷却器机座下方布置的设计结构。主要由定子、转子、端盖、顶部风罩、集装式顶部出线罩装置（含互感器、中性点接地装置等）、轴承、空气冷却器、集电环刷架及其隔音罩、盘车装置、整体隔音罩等组成，设计有完善的监测系统。

（二）调相机的定子结构

1. 定子机座、端盖和顶部风罩结构

定子机座承担支撑定子铁心和定子绕组的功能，同端盖、顶部风罩一起为调相机内部循环的冷却空气提供路径，定子机座、端盖、顶部风罩全部采用钢板焊机结构，保证足够的刚、强度。定子机座通过地脚螺栓固定到基础上，配备有可拆卸式吊攀，方便起吊，如图 1-1-38 所示。

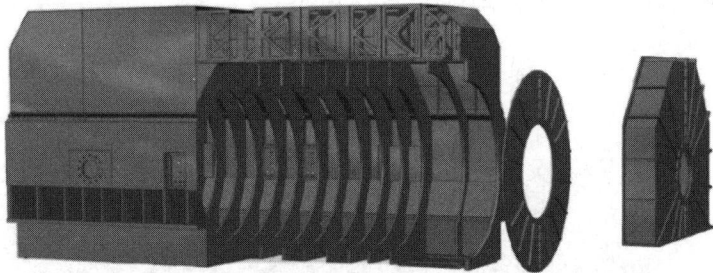

图 1-1-38　定子机座、端盖、顶部风罩结构

2. 定子铁心

定子铁心由高导磁率、低比损耗的冷轧无取向硅钢片 50W250 冲制的扇形冲片叠装而成，降低铁损，铁心硅钢片经严格去毛刺后双面涂 H 级进口水溶性硅钢片绝缘漆，以消除冲片间的涡流损耗，降低调相机的温升。采用开槽弹性定位筋隔振系统，隔离定子铁心自身的振动，降低机座振动的幅值，如图 1-1-39 所示。

图 1-1-39 定子铁心结构

为避免铁心在长期振动作用下，出现松动、噪声，危害机组的安全、可靠运行，必须确保铁心的压紧结构可靠、合理。

冲片通过弹性定位筋、压圈、压指结构构成一个紧固的整体，降低电磁力、热应力在铁心产生的振动。空冷 300Mvar 调相机定子铁心压紧结构中的压圈、压指的接触面均带有一定的锥度。通过合理的选择压指、压圈的锥度及定位筋螺母的把合力矩，使压力均匀地传递到铁心的轭部及齿部，避免在由于铁心轭部片间压力较大而齿部较松的风险。如图 1-1-40 所示。

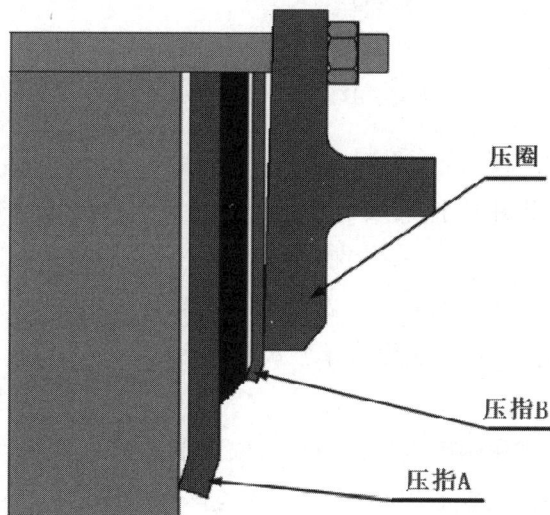

压圈

压指B

压指A

图 1-1-40 定子铁心压紧特殊结构

根据特高压直流工程的要求，300Mvar 调相机进相深度要达到 -150Mvar，相较常规汽轮发电机，调相机的进相深度更大。进相运行时，由于定、转子端部漏磁的相互叠加，端部合成磁通增加，一方面端部结构件产生的损耗增加，需考虑措施降低端部结构件的损耗，加强端部冷却，改善端部温度分布；另一方面端部结构件中的感应电势梯度增加，环流电流增大，需采取措施阻断或疏导环流电流。

空冷 300Mvar 调相机在改善端部温度方面，采取以下措施：

（1）端部同时采用磁屏蔽、铜屏蔽双屏蔽结构，增大端部各处磁阻，减小磁通密度，如图 1-1-41 所示。

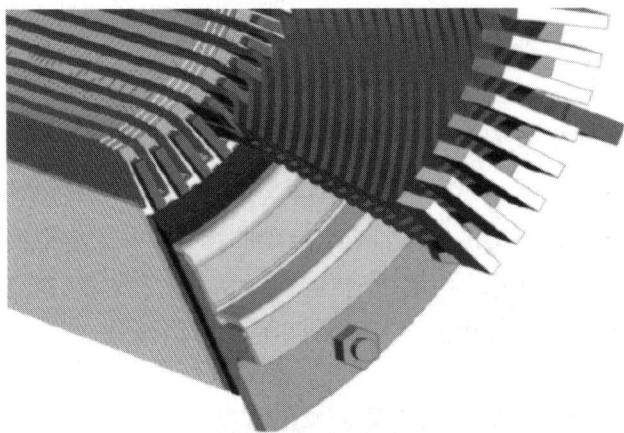

图 1-1-41　定子端部屏蔽结构

（2）定子端部压圈、压指材料全部采用反磁钢，增大磁阻，降低附加损耗。

（3）定子端部采用阶梯式设计且齿部开小槽，改善边缘效应，降低附加损耗。

（4）优化定、转子相对长度，消除端部磁场分布集中的现象。

（5）压圈、压指和铜屏蔽设置单独风路，保证足够的风量，改善端部温度分布。

在端部循环电流和感应电势方面，采取以下措施：

（1）定位筋端部与铁心绝缘，阻断定位筋与铁心间的循环电流，杜绝铁心烧损。

（2）定位筋与压圈可靠短接，消除电位梯度；齿压片与冲片间增加绝缘片，杜绝端部结构件间的放电腐蚀。

3. 定子通风系统

空冷 300Mvar 调相机采用的通风冷却系统为：调相机的定子绕组、铁心空气外冷，转子绕组空气内冷，定子采用多路径向通风，转子本体绕组采用斜副槽径向通风、转子端部绕组采用 2 路加补风的通风结构，如图 1-1-42 所示。

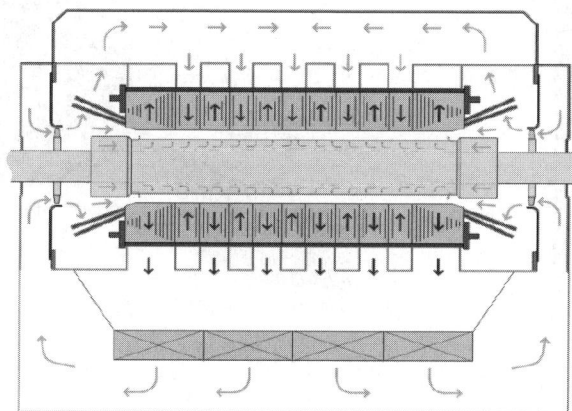

图 1-1-42　300Mvar 空冷调相机通风冷却系统

冷风经转子两端浆式风扇加压后进入调相机顶部通风罩，经 5 个进风区进入铁心径向风道，冷却完定子铁心及定子绕组后排入气隙，会同转子的径向出风一同进入相邻的出风区，冷却出风区的定子铁心及定子绕组。这种多路径向通风系统的设计，可以有效缩短定子的风路长度，降低定子绕组和定子铁心沿轴向温度分布的不均匀性，降低高点温度，提高定子绕组与定子铁心绝缘的寿命。

4. 定子线圈及槽内布置

定子绕组槽内采用槽楔、斜楔、顶部波纹板进行径向固定，采用侧面波纹板进行侧面固定，确保固定系统安全可靠，如图 1-1-43 所示。

调相机定子绕组槽内固定上采用了半导体波纹板结构。该结构采用阻值在一定范围的半导体波纹板填充在定子线棒和铁心之间，利用波纹板的弹性以及材料的半导体性使定子线棒表面和铁心表面完全接触、无间隙，可以有效防止定子槽部发生电晕。采用上述固定结构，线棒与铁心之间的电位差可小于 10V。定子绕组槽部径向固定采用槽楔及波纹板，绕组层间应用高强度层压板可避免定子绕组在长期运行后出现松动现象。

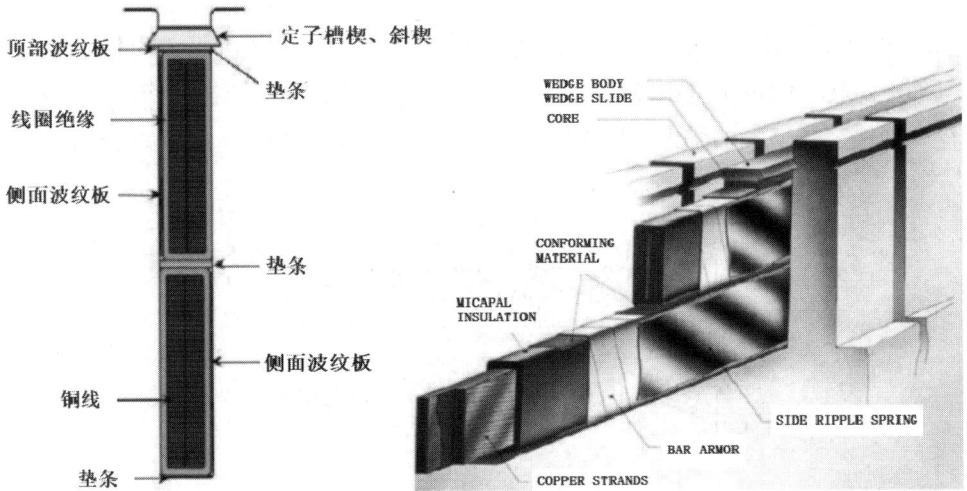

图 1-1-43　定子槽内固定结构

5. 定子绕组绝缘及防晕

定子线棒对地主绝缘采用 F 级桐马环氧粉云母带连续包绕的多胶模压体系，并应用加热模压固化"一次防晕成型"工艺，线棒尺寸统一并具有良好的互换性。F 级桐马环氧粉云母多胶模压主绝缘具有良好的电气、机械、耐热和老化特性，运行安全可靠。定子绕组引线及连接线绝缘为 F 级环氧粉云母主绝缘，配合室温固化的环氧无溶剂胶。定子绕组并头绝缘盒用触变性绝缘腻子，完全满足调相机长期安全可靠运行的要求。

定子线棒端部（即渐开线部）防晕设计利用碳化硅电阻电压非线性特性，在高压下可降低线棒端部电位梯度。将国内传统防晕结构的各级防晕层的长度进行优化缩短，使各级防晕层的非线性参数合理搭配，形成调相机定子线棒防晕层，然后包扎附加保护绝缘，采用主绝缘"一次模压成型"技术，即定子线棒防晕材料在主绝缘固化前包绕在定子线棒上，定子线棒主绝缘材料和防晕材料在相同情况下固化成型，可以有效保证定子线棒防晕材料与定子线棒主绝缘粘接良好，保证了定子线棒在电老化、电热老化、热稳定性、冷热循环等试验中防晕性能良好。保证了调相机长期安全稳定运行。针对高海拔地区安装的调相机，需提高端部绕组的整体防晕能力。

常规汽轮发电机 3 并联支路数定子绕组每相的接线方式如图 1-1-44（a）

所示，这种接线方式，定子端部线棒间的最大电压接近发电机的额定电压。考虑到部分调相机在高海拔下运行，对定子绕组每相的接线方式进行设计优化，采用如图 1-1-44（b）所示的中间接线的特殊设计，可以将定子端部线棒间的最大电压降低至约 0.5 倍额定电压。该技术改进可以有效降低端部线圈间的场强，避免电晕现象的发生，提高调相机定子绝缘的寿命，满足高海拔运行的要求。

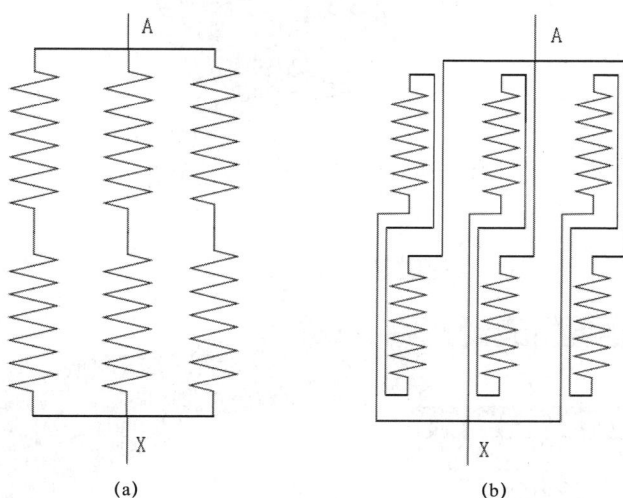

图 1-1-44　适应高海拔运行的优化设计

6. 定子绕组端部结构

定子绕组端部采用的绑扎固定方式如图 1-1-45 所示。端部线圈通过玻璃丝束绑扎与绑环、绝缘支架、支撑环形成一个刚度良好的整体，绝缘支架轴向通过支架夹板、轴承（滑动销）等与压圈相连接，如图 1-1-46 所示，该特殊的结构设计不仅使压圈与支架在径向、切向具有很好的连接刚度，轴向上也允许支架和压圈间具有一定的位移量。与此同时，绝缘支架径向通过绝缘夹板、滑移套筒、滑移销与机座端板相连，这种连接结构同样允许轴向相对位移而在径向、切向良好连接，使得整个端部线圈具有优良的整体刚度、强度和滑移特性，消除由于定子绕组和定子铁心间因为涨差产生的热应力，避免端部固定结构松动，有效保证了端部固定结构的安全可靠性。

图 1-1-45　定子绕组端部结构

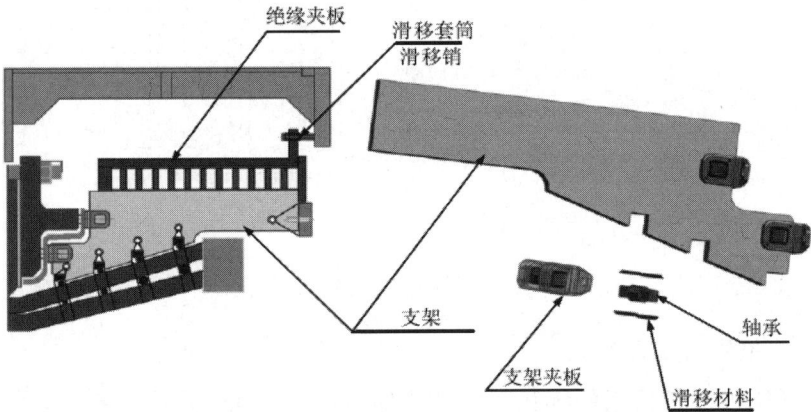

图 1-1-46　定子端部固定结构

7. 定子出线罩结构

空冷 300Mvar 调相机配置有集装式中性点接地出线罩装置,该装置采用钢或铝的框架结构,安装在调相机顶部用来放置主引线及中性点引线。主引线从出线罩侧面引出、通过金具与出线罩外侧的离相封闭母线连接。中性点引线在装置内部短接并通过接地变压器及接地电阻接地,设计寿命为 40 年。图 1-1-47 给出了集装式中性点接地出线罩的装配示意图,装置中集装的主要设备见表 1-1-1。

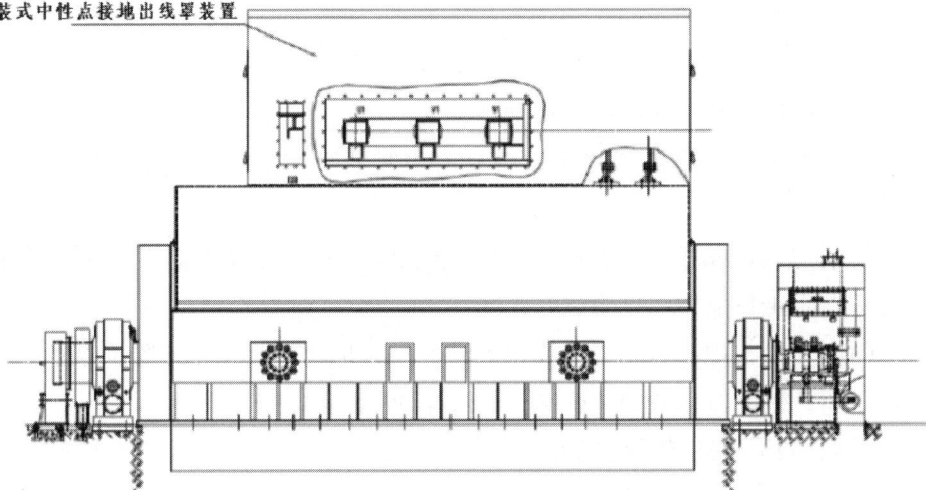

集装式中性点接地出线罩装置

图 1-1-47　出线罩安装示意图

表 1-1-1　　　　　　集装式中性点接地出线装置内的设备

序号	设备名称
1	主引线侧电压母线及其支撑结构
2	中性点侧电压母线及其支撑结构
3	中性点连接装置
4	出线侧电流互感器
5	中性点侧电流互感器
6	主引线侧避雷针
7	中性点接地隔离开关
8	中性点接地变压器
9	中性点接地变压器的二次侧电阻
10	静态星型隔离开关
11	电压互感器
12	局部放电探测器
13	中性点接地变压器一次侧电流互感器
14	加热器和过滤器等

采用集装式中性点接地出线装置可以方便现场的安装、运行维护，缩短现场安装和调试周期，主要有以下特点：

（1）配置外部端子箱方便现场运行维护，所有外部端子箱整体安装在调相机出线罩上，包含所有控制和监测仪器回路、端子等。所有外部端子箱须经由接地带或接地连接接入出线罩接地系统。

（2）配置电加热器来防止调相机停机时受潮。加热器电缆连接至就地接线箱。

（3）进风口和排气口应有过滤网或过滤器，每个通风道都应有内部过滤网和挡板来防止外来物和昆虫进入。

（4）为防止电击危害，出线罩上设计有接地块。所有互感器、传感器、接地设备和其他类似设备的外壳通过出线罩金属接地。

（三）调相机的转子结构

空冷 300Mvar 调相机转子由转轴、转子绕组、阻尼系统、护环、集电环和风叶等组成，如图 1-1-48 所示。下面介绍空冷转子的结构特点。

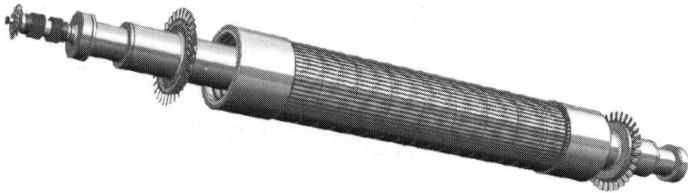

图 1-1-48　调相机转子结构

1. 转子转轴

转轴采用高导磁、高机械性能的 Ni-Cr-Mo-V 合金钢整体锻件，在寿命期内能承受起停机 10000 次以上。转子本体开径向嵌线槽来安装转子绕组，绕组通过槽楔固定在转子槽内。转子大齿上开有横向月牙槽，平衡小齿区域与大齿区域两个方向的刚度。如图 1-1-49 所示。

图 1-1-49　转轴示意图

2. 转子线圈及槽内布置

转子嵌线槽内主绝缘采用高强度的 F 级"L"型模压槽衬，每槽两件。通过槽内两侧的"L"型槽衬与楔下垫条、槽底垫条（副槽盖板）组合方式满足了爬电距离的要求。转子绕组采用精拉含银铜线，抗蠕变能力强，开通风用孔。

绕组本体和端部采用设计滑移结构，消除线圈与转轴由于热涨量不同而产生的热应力。

转子绕组槽内部分用开有风孔的不锈钢槽楔固定，转子槽楔由高强度的合金 SUS316L 制成，槽楔下方分别设置阻尼条及楔下垫条。如图 1-1-50 所示。

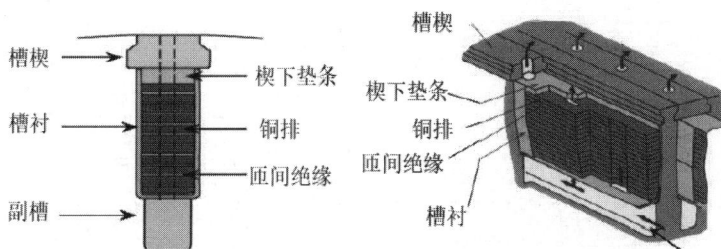

图 1-1-50　转子槽型及槽内布置

3. 转子全阻尼结构

当调相机承受不对称负荷时，转子表面将在负序磁场作用下感应出循环电流，如图 1-1-51 所示。如果循环电流在转子表面没有良好的回路，将在回路中电阻较高的地方产生较大的热量，造成转子表面局部过热，甚至烧损。

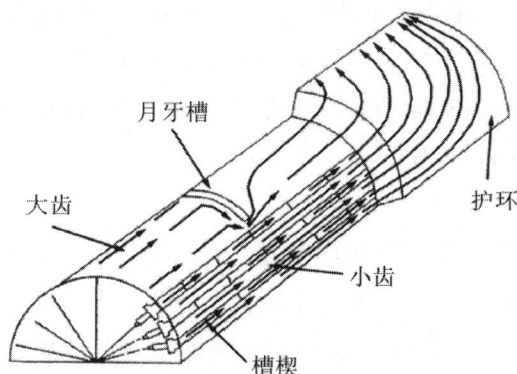

图 1-1-51　转子承受负序电流的循环电流

为提高机组承受不对称负荷的能力，避免感应电流造成转子过热、损毁，需要设置阻尼系统。300Mvar 调相机采用变频启动，变频启动的过程中，谐波将在转子表面感应电流，这时需要阻尼系统发挥作用，为循环电流提供可靠通道。为保证调相机的安全、可靠运行，目前空冷调相机采用特殊设计的全阻尼系统，如图 1-1-52 所示，使阻尼系统在低转速下依旧有效。同时，采用全阻尼系统还有利于提高调相机故障状态下的异步转矩，延缓转速的下降，提高其在故障状态下的稳定性。

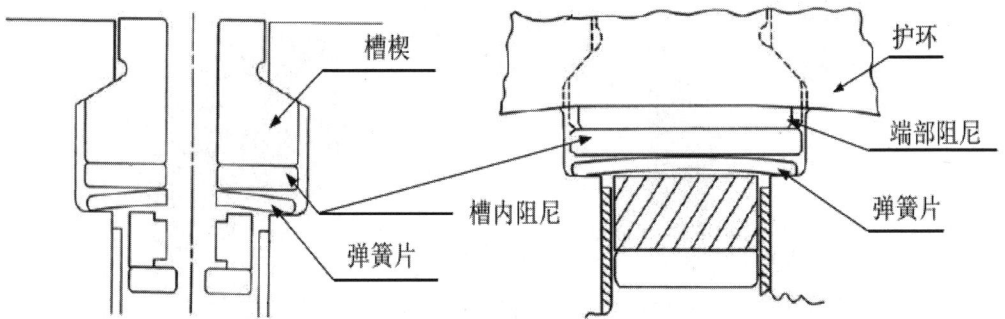

图 1-1-52　转子全阻尼结构

4. 护环与中心环

护环采用高强度、高抗 SCC 的 18Mn18Cr 非磁性合金钢锻件。热套在转子本体两端，一端与转子本体热套配合，另一端热套在悬挂的中心环上。当转子超速时，转子本体与护环之间仍有足够的过盈。为了防止护环相对于转子本体有轴向移动，在护环与转子本体配合处装有环键。

中心环对护环起着与转轴同心的作用，当转子旋转时，轴的挠度不会使护环受到交变应力作用而损伤。

5. 转子绕组端部结构

转子线圈端部用高强度 F 级环氧玻璃布制成的横、顺轴垫块使线圈端部相互间绝缘并固定。为适应调相机强励运行，护环下绝缘套筒（F 级绝缘）与线圈端部铜排接触面黏有滑移层。同时，在绝缘端环上设置了轴向弹性结构，可使线圈端部能轴向伸缩。如图 1-1-53 所示。

图 1 - 1 - 53 转子端部布置示意图

6. 集电环

集电环材料为高硬度锻钢，经绝缘后热套在转子轴上的，如图 1 - 1 - 54 所示。在集电环与转轴之间设有绝缘套筒。两集电环间设有同轴离心式风扇以冷却集电环和电刷。集电环外圆周表面开有螺旋沟，轴向根据转子的转向开有倾斜的通风管道，可以实现自取气；同时螺旋沟内开有径向联通通风管道的通风孔，消除高速运转的气垫效应，保证碳刷与集电环的接触。上述设计最大程度地增加了集电环的散热面积，确保集电环的通风冷却，同时使电刷产生的碳粉被风带走，避免在集电环附近堆积，危害机组安全运行。

图 1 - 1 - 54 集电环结构

7. 转子风叶与风扇座

转子风叶采用高效轴流浆式叶形，由高强度铝合金模锻造而成，如图 1 - 1 - 55 所示。转子风叶安装在风扇座上，如图 1 - 1 - 56 所示。

图 1-1-55 典型的转子叶片

图 1-1-56 风扇座装配

8. 转子通风

调相机采用带轴流式风扇的密闭循环风路。转子本体绕组采用斜副槽径向通风技术,在转子副槽离心压头和风扇压头的共同作用下,冷却气体经转子护环下进入转子,转子端部绕组采用两路通风、双排通风孔加补风孔的设计,一部分从端部入风口进入转子端部线圈内部,直接冷却转子端部线圈,一路从转子本体的靠端部的槽楔出风孔出来,进入电机气隙的边部,另一路从端部弧段出风孔出来,经大齿通风道进入气隙,最大程度地增加了转子绕组的过风和散热面积,提高了转子端部绕组风道的风速,有效地降低了转子端部绕组的温升及其高点温度,提高了转子端部绕组及绝缘的寿命;另一部分从转子副槽进入转子本体部分,经径向风道冷却转子线圈本体部分,从转子槽楔的出风口出来,进入电机的气隙。流过定子通风沟回到冷却器,完成冷却任务。通过优化转子副槽的斜度,使转子轴向风量分配趋于均匀,降低了转子绕组的温度不均匀性,减小了转子结构件的热应力。

9. 转子绝缘结构

转子槽绝缘采用"L"型 Nomex 纸与环氧浸渍玻璃坯布复合槽衬,该槽衬具有较高的电气和机械性能;转子匝间绝缘采用高强度环氧玻璃布层压板加工而成,通过匝间绝缘粘接胶与转子线圈粘接在一起,采用单面打毛措施保证粘接效果。该转子绝缘结构能有效杜绝转子匝间短路故障的发生。

(四)电刷与刷架

采用插拔式组合刷握,恒压弹簧,每个刷握安装多个电刷,结构简单,可在运行中安全方便更换电刷,易于维护,如图 1-1-57 所示;采用摩根 NCC634

材质碳刷：良好的润滑性能，耐磨，运行维护量小并可显著提高调相机安全运行可靠性。

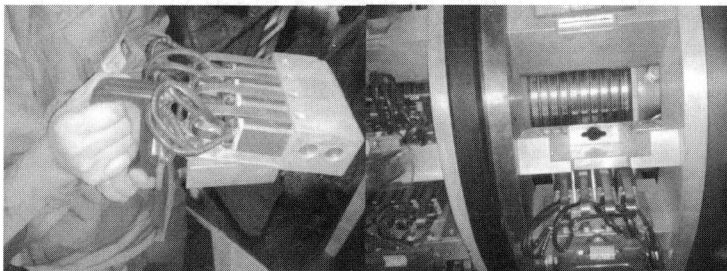

图1-1-57 调相机插拔式组合刷握

尽量降低电刷运行线速度以使摩擦损耗产生的发热减小，电刷电流密度的选择应保证电刷运行在其最佳运行电流范围内，以避免电刷过热，利于氧化膜的建立，刷架内配置电加热器，在调相机停机时情况下投入工作，以防止刷架受潮。

为方便用于监控调相机在运行期间集电环温度和刷架运行情况，在刷架内装设集电环红外线测温探头和视频监控。

（五）轴承装配

空冷300Mvar调相机采用独立座式轴承，轴承座为钢板焊接结构，用于支撑轴瓦并为轴瓦提供进出油通道，椭圆轴瓦，稳定性好并具备自动调心功能。

未配备蓄能器的油系统在轴承盖上部设有应急润滑油箱，润滑油先进入应急润滑油箱，再进入轴瓦润滑轴颈。正常运行工况下，应急润滑油箱内注满润滑油，当发生润滑油泵切换时，应急油箱提供润滑油紧急润滑轴承。图1-1-58给出了调相机轴承装配结构。

图1-1-58 调相机轴承装配结构

（六）空冷器装配

空冷隐极同步调相机有多组空气冷却器，见图1-1-59，冷却器具有较大的换热裕度，冷却器风室设计采取了两端对称均流的措施，可以保证停一组冷却器调相机仍然保证80%的出力能力，主要特点如下：

（1）空气冷却器设置在定子机座底部，杜绝冷却器意外漏水对调相机的危害；

（2）空气冷却器的采用防止管道漏水设计，配备漏水监测装置；

（3）冷却器运行中可将每组冷却器相互隔离，调相机运行时可更换或检修空气冷却器；

（4）冷却器冷却管材质采用海军铜满足冷却水要求，减少运行维护的工作量；

（5）冷却器风室内设置有补风孔，并配置空气过滤器以杜绝灰尘侵入。

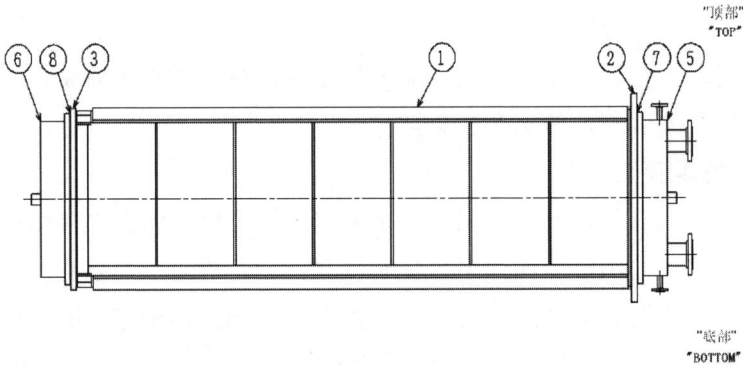

序号 No.	名称 Name
1	外壳 Frame
2	管板 Tube sheet
3	管板 Tube sheet
4	冷却管 Cooling tube
5	水箱 Water box
6	水箱 Water box
7	热片 Gasket
8	垫片 Gasket

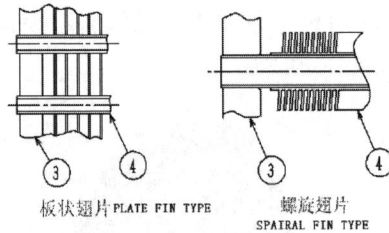

板状翅片 PLATE FIN TYPE

螺旋翅片 SPAIRAL FIN TYPE

管和管板连接详图
Detail of tube to tube sheet attacement

图1-1-59 水平安装型冷却器示意图

（七）盘车装置

盘车装置结构与双水内冷调相机结构基本相同，不再做详细说明。

第三节　调相机在线监测装置

为监视调相机的运行状态，必须有完善的温度及工况监测装置，以测量定子绕组温度，定子铁心温度和冷、热风温度，冷却绕组的冷却水温度，空气冷却器的冷却水温度，轴承油的温度，以及电气参数、轴承振动、漏水情况等。调相机配置在线监测装置主要有定子局放在线监测装置、绝缘过热在线监测装置及轴电流（轴电压）在线监测装置等。

监测设备介绍

（一）TSI 振动转速监测

1. 振动监测保护装置（TSI）

振动监测保护装置（TSI）是一种集振动信号监测和保护功能于一体的在线保护系统。对被监测设备在启动、运行过程中的振动信号的在线检测、运行监视、超限报警和遮断保护，当被监测参数超过设定报警值时，发出报警信号；当被监测参数超过设定危险值，发出遮断保护信号，驱动执行机构使被监测设备自动停机，避免重大事故的发生。此外，TSI 还为振动分析诊断系统提供振动原始数据用于振动监测分析和故障诊断。

2. 轴系振动在线监测分析模块（TDM）

轴系振动在线监测分析模块（TDM）对调相机启停、运行过程中的轴系振动进行在线监测与分析，具有如下功能：总貌：显示所监测机组的轴系结构简图及测点相应位置，在测点所在位置附近动态显示最新的实测数据；测点包括调相机出线及非出线端轴承轴振（X/Y 方向）、瓦振（水平及垂直方向）、键相等信号。频谱分析：将振动实时采集的时域数据进行处理分析，转换为频域信号。分析显示功能：

（1）单棒值图：用棒状图形直观地显示各通道的振动幅值。

（2）多棒值图：用棒状图形直观地显示各通道的通频、基频、倍频和半频振动幅值。

（3）波形频谱图：某个通道振动的时域特征，频谱图显示该通道振动的频域特征。

（4）实时趋势图：实时趋势图包括振动峰峰值趋势图、振动一倍频幅值趋势图、振动一倍频相位趋势图及转速、功率趋势图，显示上述参数的实时变化趋势。

（5）历史趋势图：趋势图显示某段时间里各种信号（振动峰峰值、一倍频幅值、相位、转速、时间及各过程参量）相互之间的变化关系，其横坐标和纵坐标的参数可自由选择。

（二）定子局放在线监测装置

1. 定子局放检测装置

定子线圈制造过程中的质量问题、长期异常运行或者绝缘受外力原因，定子线圈会发生局部放电，当局部放电控制在合理范围内时并不会影响定子主绝缘的安全可靠性。但是随着局部放电情况的进一步加强，严重的局部放电也可能会造成定子主绝缘击穿、烧损等影响调相机安全可靠运行的严重事故。对定子线圈局部放电进行在线监测与分析，可以在一定程度上避免由于定子局部放电引起的主绝缘恶化。调相机局放监测装置选用局放电容耦合器，在主出线端每相各安装 1 个，用于收集局放信号。为了防止调相机外部诸如主变、母线等系统侧的影响，配置 3 个极性识别传感器和相应的信号极性识别算法，对外部噪声予以识别、去噪，防止局放装置误报警。局放监测装置局放量监测有效值模拟量信号输出至 DCS。

2. 定子局放在线监测分析模块

局放监测分析的主要功能有：分析有无局部放电；进行局部放电模式识别；背景噪声和局部放电信号的分析；显示局部放电图谱；能够对调相机局部放电进行趋势分析；对调相机局放异常情况进行报警。

（三）绝缘过热在线监测装置

1. 绝缘过热检测装置

装置使用亚微米颗粒检测仪监测两个空气样品管路。一个管路监测环境空气，作为参照，另一个管路用于监测调相机内部的冷却空气，然后再和参照的颗粒等级进行比较。如果调相机内部冷却空气中的颗粒等级高，但在环境空气中却没有相应的增加，这样就可以确定高温分解颗粒来自调相机内部。如果出现过热的情况，调相机内部的冷却空气就会产生大量的高温分解产物。当调相机内部冷却空气与环境空气之间的差异相对应的信号水平超过预定（可调整）的设定值时，结果就会出现差异报警。如果环境空气或调相机内部冷却空气相对应的输出超过预定（可调整）的设定值时，即该装置输出调相机内部、环境空气和二者差分的监测结果，当这三个值有一个发生报警时，即可输出报警信号。绝缘过热监测装置的报警信号输出至 DCS。

2. 绝缘过热在线监测分析模块

绝缘过热监测分析的主要功能有调相机内部颗粒浓度随时间变化关系；环境空气颗粒浓度随时间变化关系；调相机内部及环境空气颗粒浓度差分值随时间变化关系。

（四）轴电流在线监测装置

1. 轴电流检测装置

调相机定子叠片接缝、转子偏心、转子或定子下垂会产生不平衡磁通，变化的磁通会在转轴-机座-轴承构成的回路感应出电压，通过接地碳刷后，由于回路形成轴电流。通过安装在调相机非出线端接地碳刷和调相机接地点之间的接地线上的电流互感器即可测量得到轴电流，轴电流的产生可能导致油膜击穿、加速润滑油性能老化等导致轴承机械磨损加剧等。轴电流有效值模拟量信号和报警信号输出至 DCS。

2. 轴电流在线监测分析模块

轴电流监测分析模块的主要功能有监测轴电流的时域变化趋势；监测轴电流的频域变化趋势；轴电流超限报警。

（五）转子绕组匝间短路故障在线监测装置

装置可采用测试线圈或霍尔元件等磁通传感器对气隙主磁通密度或漏磁通密度进行在线监测，经外部示波器或采集处理系统解读波形，了解转子绕组匝间短路故障情况。采用测试线圈（探头）用电磁线绕制的小空心线圈，应固定安装于定子铁心内腔气隙中测量槽漏磁通密度，通常分为径向或轴向安装，一般安装高度应不低于二分之一气隙高度。安装位置应避免影响转子旋转或检修时抽转子工作。装置采用霍尔元件可安装在定子槽楔表面，应避免磁通线圈在转子旋转或检修抽转子时损坏。

较新型的监测装置宜采用数字转化装置和便携计算机采集磁通信号，并将其转化为可供分析的数据表格式。装置的软件应能够确定每个槽中短路匝的数量，同时识别出短路匝所在槽的位置。

第四节　调相机主机附属设备

一、封闭母线

调相机封闭母线系统是调相机组电能传输的主要部分，连接调相机主机本体、升压变、励磁变、SFC 系统。金属封闭母线系统是用金属外壳将导体连同绝缘等封闭起来的组合体，按类型分为离相式封闭母线和共箱式封闭母线，目前国内调相机组主要采用的为离相式封闭母线。

调相机封闭母线系统由封母主回路、封母分支回路、空气干燥装置、中性点接地柜、机端电流互感器、机端电压互感器柜及避雷器柜等部分组成。典型布置图如图 1-1-60 所示。

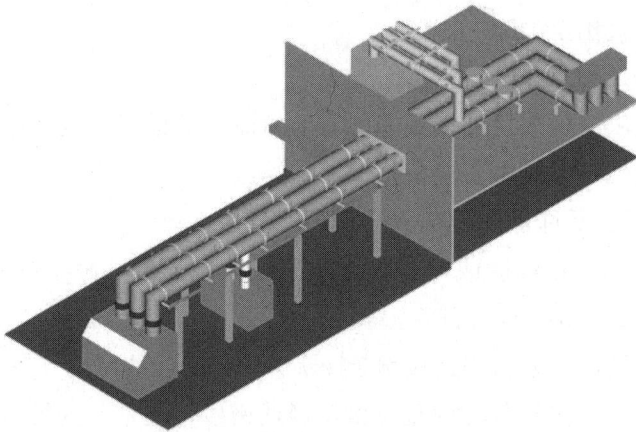

图 1-1-60　典型离相封闭母线的布置图

调相机出线与升压变低压侧之间采用离相封闭母线连接，为封母主回路。离相封母主回路与励磁变高压侧、机端电压互感器柜及避雷器柜、调相机 SFC 闸刀柜等的连接采用分支回路离相封闭母线。为方便设备的检修维护，在封闭母线主回路，分支回路末端与设备相连处，选用可拆接头的橡胶伸缩套结构，如图 1-1-61 所示。

图 1－1－61　离相母线与设备的连接结构

　　离相封母通过软铜编织线与调相机的主出线端子用无磁紧固件连接，如图 1－1－62 所示。

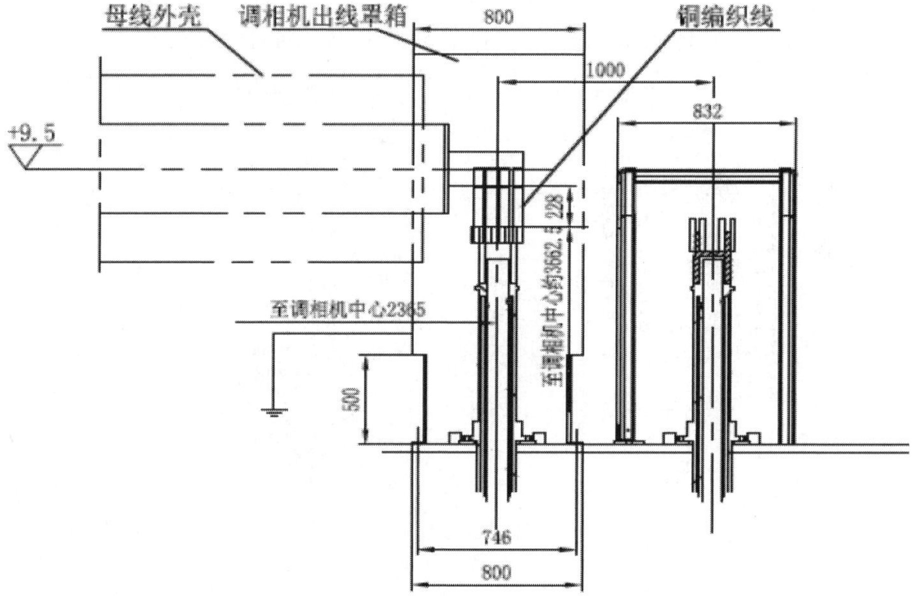

图 1－1－62　离相母线与调相机的连接结构

二、出口电压装置及中性点接地装置

　　调相机发生单相接地时，其故障点出现电弧接地时会进一步扩大定子绕组绝缘损害甚至铁心灼伤烧结，如不及时发现并快速切除故障，将发展成为相间或匝间短路。基于上述原因，调相机采用中性点高阻接地，以限制接地电流，防止各种过电压的危害。中性点通过电阻器接地可以把故障电流限制到适当值，提高继电保护的灵敏度作用于跳闸，同时又使故障点仅可能发生局部轻微灼伤，把暂态过电压限制到正常线电压对中性点电压的 2.6 倍，限制电弧的重燃，防止弧光间隙过电压损坏主设备，同时可有效防止铁磁谐振过电压，从而保证调相机的安全运行。

调相机出口电压装置及中性点接地装置接线如图 1-1-63 所示，调相机与主变压器的连接采用调相机－变压器单元接线，无调相机出口断路器和隔离开关；在调相机出口侧，通过高压熔断器接有三组电压互感器和一组避雷器；在调相机出口处和中性点侧，每相装有电流互感器 4 只；调相机中性点接有中性点接地变压器。

中性点接地装置将单相变压器、电阻器、电流互感器、接地保护输出端子等设备集成到一个封闭金属柜内，安全可靠性高，便于维护。

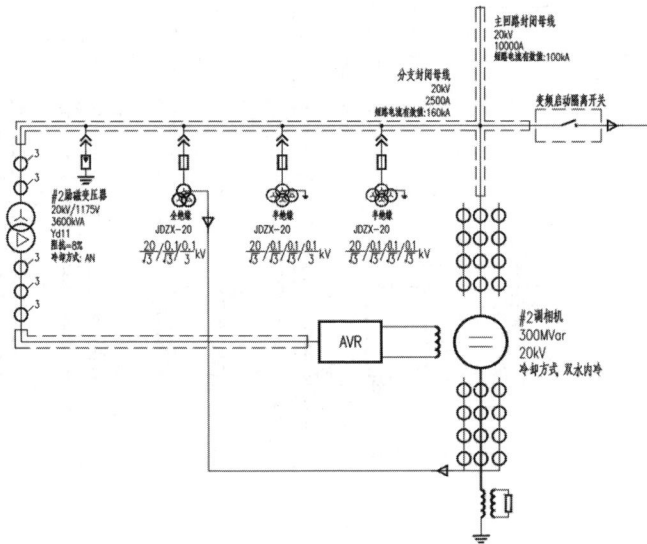

图 1-1-63　调相机出口电压装置及中性点接地装置接线

第二章 技 能 实 践

第一节 调相机本体的运行维护

一、集电环及碳刷的巡视检查和维护

（1）在运行中的调相机集电环或其他励磁装置上工作时，工作人员应穿绝缘鞋（或站在绝缘垫上），使用绝缘良好的工具并应采取防止短路及接地的措施。当励磁系统发生一点接地时，不得进行集电环电刷的维护工作。

（2）严禁在维护时造成励磁回路接地或正、负极短路。

（3）禁止同时用两手触碰调相机励磁回路和接地部分或两个不同极的带电部分。

（4）定期清除集电环周围的灰尘和碳粉。

（5）应确保集电环、刷架及刷握表面清洁，温度正常（不大于 120℃），无变色、过热现象，机组运行时，电刷应无跳火、异声、跳动、卡涩、破碎或过度磨损现象。各电刷电流分布均匀，无过热现象。

（6）一般情况下更换电刷时，在同一时间内，只允许插拔一个刷握，每个刷架上只允许换 1～2 个电刷。换上的电刷应事先在与集电环直径相等的模型上研磨好，且新旧电刷保持一致。

二、封母、出线罩及中性点接地装置的巡视检查与维护

（1）封闭母线外壳温度正常（不超过 70℃），无过热、变色、异响或变形等情况。封闭母线湿度监测正常。空气干燥循环装置正常投入，工作正常，空压机无频繁启动现象。

（2）对于采用集装式中性点接地出线罩装置的调相机，定期检查相关监测

装置无异常，装置表面及与调相机连接处、与封闭母线连接处温度正常。

（3）中性点接地装置运行声音正常无异响，引出线接头无过热现象。

（4）接地刀闸的触头接触紧密，位置指示清晰正确，柜内无放电现象，观察孔可见部分无异常、过热、脏污、异物等情况。

三、本体（含盘车装置）及轴承的巡视检查和维护

（1）所有与调相机有关的电气参数和温度指示值应每班次记录一次。

（2）调相机定、转子及轴承振动无异常，各部件温度正常，轴承进油压力正常。

（3）调相机风室内应无异味或异声，空气冷却器表面无油污，管路或阀门等部位无渗漏或结露现象。

（4）对于双水内冷调相机在运行过程中，检漏计发出警报信号，但不能确定是否漏水时，应尽快查明原因并加强巡视。

（5）调相机在发生较严重外部短路以后，应对调相机定、转子进行必要的检查。具体包括：

1）分析各部位温度、振动、转速、电压等监测量；

2）检查并确认定子绕组端部、槽口等部位无变形、松动等异常现象；

3）检查并确认各部位螺栓、销钉、锁片无松动、脱落；

4）检查并确认各部位无开裂、绑绳断裂等现象；

5）检查并确认挡风圈及固定件无松动、碰磨；

6）检查并确认自动化元件、端子无松动、脱落；

7）检查并确认轴承绝缘正常，无接地现象；

8）再次启动时应检查并确认振动、温度正常，运行无异常。

（6）检查机组大轴接地碳刷的接地情况及机组运行时轴电压的大小，发现异常应查明原因，定期检查轴承绝缘是否符合技术规范要求。

（7）盘车装置工作时，盘车电机电流值应正常无明显摆动。

（8）盘车装置运行时应无异音，顶轴油压正常，低油压保护必须投入。

四、在线监测装置的巡查

（1）检查调相机在线监测装置工作正常。

（2）定期检查调相机绝缘过热、局部放电、转子匝间短路、定子端部振动、漏液检测等在线监测装置运行情况，发现报警时，应立即分析数据合理性，并根据调相机运行参数及大修试验数据进行综合分析，必要时应停机处理。

五、运行中的监视

（1）监视并确认调相机组启、停自动控制流程正常执行，启动装置运行正常。

（2）监视并确认内冷水系统温度、压力、流量正常。

（3）监视并确认轴承瓦温、油压、油温、油位正常。

（4）监视并确认各部件温度、温升正常，振动正常。

（5）监视并确认电压、电流、无功功率正常。

（6）调相机组运行时应监视的参数（不限于此）：

1）无功功率、定子电压、定子电流、励磁电压、励磁电流、站用电电压、系统母线电压；

2）定子铁心温度、定子绕组温度、定子冷却水进/出口温度、定子冷却水流量、定子冷却水进口压力、定子冷却水水质、转子冷却水进/出口温度、转子冷却水进口压力、端部屏蔽温度、轴承温度、进/出风温度、润滑油温度、润滑油压力、励磁变温度、主变油温等；

3）定子端部及引出线振动、局部放电监测、转子振动、轴承振动、转子匝间短路探测（空冷调相机配置）、转子绕组接地探测、绝缘过热、漏液检测等。

第二节　调相机主机检修

调相机检修周期按照周期可分为 A 修和 C 修，A 修每 5～8 年进行一次，C 修每一年进行一次。

一、调相机本体检修

（一）调相机本体检修项目

1. 检修部分标准项目

（1）调相机定子铁心与端部铁心压铁的检修。

（2）定子槽楔的检修。

（3）检查定子线棒，并头套，水接头，绝缘引水管及铁心各部有无漏水。渗水痕迹，并根据情况修理。

（4）调相机定子引出线的检查。

（5）根据定子绝缘引水管是否有渗水，弯管，磨损及水压试验情况，决定局部或全部更换绝缘引水管。

（6）定转子水路的正，反冲洗。

上述为检修部分标准项目，具体 A 修及 C 修项目可参考《快速动态响应同步调相机组检修规范》（Q/GDW 11937）。

（二）调相机本体检修工艺

1. 本体定子检修

（1）铁心的检查和检修。

1）仔细检查铁心各部位，有无由于振动产生的铁锈或腐蚀粉末，是否有局部过热痕迹或碰伤现象，检查通风槽中小工字钢紧固程度，有无倒塌变形；检查两端阶梯形边端铁心，有无松动、过热、折断和变形。

2）检查两端铁心压圈，压指和铜屏蔽环是否有过热、变形及松动现象。

3）检查所有通风孔是否有堵塞，各通风孔应干净。

4）若铁心内径齿部有锈斑和丹粉现象出现，可用毛刷清理干净后刷上几遍绝缘漆即可。

5）若铁心片间绝缘损坏及铁心表面有局部短路现象则需要修复。

（2）槽楔的检查和修理。

1）检查槽楔附近是否有黄粉出现，如有黄粉说明槽楔松动后振动磨损造成。

2）各槽楔封口应与铁心通风孔对齐，无突出铁心及破裂，变形老化现象。

3）若槽楔需要处理时，应使用木锤和环氧布板敲打，不得使用金属工，在封口槽外进行缺陷处理时，应垫上绝缘纸板，以免损坏线棒端部绝缘。

（3）定子绕组端部的检查和修理。

1）检查绕组端部及支撑绑扎部件是否有油垢，如有油垢，是由于密封瓦漏油而造成的，用干净的白布擦净。

2）检查线棒绝缘盒及附近的绝缘是否有膨胀现象，膨胀的原因大概有两个：一是由于绝缘包扎不紧密及绝缘盒不严密浸入密封油而引起的。二是由于线棒空心铜线与烟斗形接头焊接处漏水造成绝缘膨胀。

3）绝缘引水管接头处的绝缘包扎必须严密，不得有间隙。

（4）检查极相组连线，并联引线、主引线的绝缘是否有损伤、起皱、膨胀和过热象，它们的绝缘状况体现主绝缘的电气水平，因此不得忽视。

1）检查极相组连接，并联引线、主引线的接头处是否漏水，绝缘是否有膨胀、热现象。

2）定子绕组端部渐伸线部分，在额定运行中要受到比槽内部分大得多的交变电应力，当外部短路时所产生的交变电磁应力，比额定运行时大近百倍，因此绕组端部的支架，绑环、防震环、斜形垫条、间隔垫块、槽口垫块、适形材料及绑绳，都要认真检查，不得忽视遗漏，对于底层看不到的位置，要用反光镜检查。

3）检查绕组端部的支架、绑环、防震环、斜形垫条、间隔垫块、槽口垫块、适形材料及绑绳是否有松动、断股现象。

4）检查绕组端部绝缘有无龟裂、漆膜脱落等现象，如有龟裂现象应分析原因，只要电气试验合格可以暂不处理，应与制造厂联系采取补救措施，只局部脱漆，如果大面积脱漆可以全部喷涂一遍漆。

5）检查铜屏蔽环是否有局部脱漆、过热和裂纹现象，铜屏蔽与压圈的固定螺栓是否松动，铜屏蔽环与压圈的导电螺栓是否紧固，如有局部小裂纹可以不必处理。如裂纹较大并出现过热脱漆时，应用洋冲在裂纹端头击打出大圆瘪痕。

6）检查聚四氟乙烯绝缘引水管有无裂纹，磨损及变质现象。如有上述情况，即使打水压试验合格也要更换新管，更换的新管应经水压试验合格。

（5）绕组槽部的检查和修理：

1）检查线棒防晕情况要结合处理槽楔同时进行，检查防晕层有小黑点或小黑面，即说明有电腐蚀发生，应将黑色粉末用毛刷清扫，刷低阻防晕漆。

2）如防晕层电腐蚀较严重时，防晕层出现灰白色，应测量线圈表面电位。

3）绕组的端部和槽部检修工作全面结束后，如有必要时可在端部喷环氧红瓷漆覆盖。

（6）注意事项。

1）进入定子腔前必须铺上胶皮，穿上专用工作服和工作鞋，钥匙、小刀、香烟、火柴、打火机、发卡、硬币、戒指等，不准带入定子腔内。

2）所用材料和工具不得掉入通风孔中，如掉入时必须设法取出。

3）工作间断或完毕要清点工具，用专用蓬布盖严。

4）如工具遗失，要设法找回，否则不得继续工作。

5）定子腔内严禁动用火种，如动火时必须按明火作业规程进行，做好防火措施。

2. 本体转子的检修

转子的检修：

1）检查风扇叶片应无裂纹、变形和蚀斑点，螺母应紧固，止动垫应扳边销紧，叶片抛光面应光滑，可用小铜锤轻轻逐个敲打叶片应无破裂音响。叶片根部 R 角处是应力集中点，要细心检查该处，进行金属探伤。

2）拆装叶片螺母要用力矩扳手，符合制造厂家要求。

3）需要更换新叶片时，应将新旧叶片严格称重，新旧叶片的重量要相同，如有差别，挑选合适的叶片，仍然有微小差别时，可将新叶片用锉刀从叶片顶部挫去，直至重量合乎要求为止，挫去部分要整形圆滑，不得有尖角，也不得刮伤叶片，并进行目测和探伤检查合格，方可安装。新换的叶片角度，要与旧叶片相同。

4）检查护环、中心环、风扇座环和风扇环应无裂纹、变形，对可疑点要用纱布打磨后用放大镜仔细观察，并请金属组人员检查鉴定，如有必要时由金属组人员对以上环件进行金属探伤检查。

5）中心换上的平衡块是容易松动的零件，必须逐个进行检查。

6）转子本体上的平衡螺钉也是容易松动的零件，必须逐个认真检查。如有松动将其旋紧后封死固定。

7）检查护环与转子本体搭接处有无变色及电腐蚀、电烧伤现象。

8）检查转子本体表面是否有变色，锈斑现象。

9）转子槽楔不应断裂、凸出和位移，进出风斗要与铜线通风孔对齐，不应盖住通风孔进出风斗、不变形，进出风斗应畅通，无积灰和油垢，导风舌不应歪斜。

10）检查护环环键的搭子不应变形和开焊现象，中心环下的尼龙导风叶片不应有裂纹和松动现象。

11）检查滑环表面应光滑，无锈斑、烧痕，光洁度应达到厂家要求。

12）滑环引线螺丝应紧固，锁垫应扳边销紧，密封胶圈不应漏气、通风孔、月牙槽和螺旋槽应无油垢，用干燥的压缩空气将滑环吹扫干净。

13）转子进行反冲洗，冲洗时在转子出水口用压缩空气逐个把转子内剩水吹干净，通入冷凝水并重新接入压缩空气，从进水口和出水口多次正反冲洗，直至排除全部污物。

14）转子检修工作结束，进行整体水压试验。

二、调相机轴承检修

调相机的转子采用两支撑方式，非出线端、出线端各装有一个座式轴承，轴瓦采用稳定性较好的椭圆瓦，并配有高压顶轴油模块，能够在启停机时顶起转子，减少摩擦阻力。为满足本型调相机对转子轴向自由窜动的限位要求，在轴承结构设计中，非出线端采用径向推力轴承，出线端采用径向轴承。

座式轴承主要由端盖、轴承座、轴瓦、球面座以及高压顶轴油模块等零部件组成，并配有座振、轴振测量接口以及瓦温、油温测量元件。座式轴承进、出油接口为双侧布置，现场可根据油管路情况任选一侧接入，另一侧用盖板封好。高压顶轴油阀块的安装也可以根据现场实际需要任选一侧安装。

（一）轴承检修项目

（1）轴瓦宏观检查、金属检验。

（2）推力瓦间隙测量，轴瓦钨金、轴承（垫铁）接触点检查、修刮。

（3）轴瓦与轴颈的间隙、轴瓦与压盖紧力测量及调整。

（4）测量、修刮油档齿并调整油档间隙，必要时更换新油档齿等。

（二）轴承检修工艺

（1）用塞尺塞轴承结合面、两侧油档间隙。

（2）在上球枕平整面处添加 1mm 铅丝，在轴承座结合面两侧加垫片0.50mm 后回装上轴承座。用两侧垫片值减铅丝值可得上球枕紧力。

（3）拆除球枕水平连接螺栓，拔出销子，并做好记号后吊出上球枕，放置指定位置遮盖保存。

（4）在上瓦平整处添加 1mm 铅丝，在下球枕平面两侧加垫片 0.50mm 后回装上球枕，用两侧垫片值减去铅丝值可得上瓦紧力。

（5）用塞尺测量轴瓦内油档间隙并记录后拆除内油档，拆除顶轴油管。

（6）用塞尺测量轴瓦上、左、右、下方位间隙并记录。

（7）拆除轴瓦水平结合面螺栓，取出定位销做好记号后，吊出上瓦至指定位置遮盖保存。

补充：非出线端轴承无法测量轴瓦上、左、右、下间隙，但需要在轴及轴瓦加百分表推动转子测量推力间隙或直接测量两侧间隙相加。

三、调相机盘车检修

（一）检修项目

（1）拆卸电机。

（2）检查大小齿螺旋杆啮合配合情况，做必要修整。

（3）检查启动、脱扣机构。

（4）检查各部位应无裂纹、损坏，蜗杆、涡轮及齿轮无偏磨现象，调整其间隙。

（5）清理检查滚动轴承，必要时更换。

（6）装盘车电机，对轮找正。

（二）检修工艺

（1）测量盘车内侧油档间隙，并记录后拆卸内侧油档端盖。

（2）测量盘车内档端面至轴各点垂直距离，并记录。

（3）拆卸盘车底部螺栓，用行车整体调走盘车装置至检修场地，底部垫片按原来位置分别包扎存放。

（4）拆卸盘车电机与主轴靠背轮螺栓，检查中心。

（5）检查内部主轴蜗杆齿和从动轴大小齿轮磨损情况，如有损坏严重进行更换。

（6）检查主、从轴两侧轴，油隙正常。

（7）检查喷车摇杆控制气门活塞应活络不卡涩，对应内部啮合齿轮在从动轴上活动自如，无卡涩现象。

（8）检查各油管路畅通，接头无开裂、渗油。

（9）按阶梯程序逆序复装各部件。

（10）复装后，检查各转动部件和摆动部件活动自如，无卡涩。

四、空气冷却器检修

（一）检修项目

（1）检查冷却水入口和出口管、排气管、排水管有无振动、碰磨、渗漏。

（2）对气体冷却器冷却管侧、气体侧高压水清洗。

（3）气体冷却器水压试验。

（二）检修工艺

（1）将空气冷却器进、回水外冷水管做好标记后，拆卸水管道法兰螺栓，将短管取下，并将各管口包扎好。

（2）拆卸冷却器放空气管道，管口封堵好。

（3）拆卸冷却器底座法兰螺栓及垫片，螺栓分类包扎存放。

（4）安装专用吊鼻，用行车将气体冷却器吊出至检修场地。

（5）先用毛刷逐根进行清刷，再用高压清洗机清洗冷却器管束和空气侧管束，清理出设备本色。

（6）将各出水口用对应堵板将水侧法兰封堵后接打水压设备进行打压查漏，若发生泄漏可用紫铜堵进行两侧管束封堵。

（7）待空气侧风干后恢复冷却器，注意检查底座密封件是否需要更换。

五、转子进、出水支座检修

（一）检修项目

（1）检查盘根室盘根，必要时进行更换。

（2）转子进水支座找中心。

（3）拆前甩水盒与转子间隙测量。

（4）甩水盒解体、更换密封件、内部清扫。

（5）进水支座、甩水盒对地绝缘测量检查。

（二）检修工艺

（1）拆除转子进水与支座连接管道及短接法兰螺栓，检查进水膨胀节完好。

（2）拆除转子进水支座盘根室冷却水胶管，检查密封件完好，必要时更换。

（3）拆除进水支座护罩，用塞尺测量进水短节与盘根室中心。

（4）用1000V兆欧表测量转子进水支座对地绝缘不小于1MΩ。

（5）拆卸转子进水支座地脚螺栓，整体移出支座，底部垫片做好标记，妥善存放。

（6）检查盘根室内盘根磨损情况，必要时更换新盘根。清理各部件后复装。

（7）用塞尺测量转子甩水盒接触密封与转轴间隙做好记录后将其拆除，继续测量挡盖与转轴径向间隙，检查甩水盒与转子中心。

（8）拆除甩水盒中分面连接螺栓，两侧回水管道短节法兰螺栓，拆卸两侧回水短节，用行车吊出甩水盒上盖后拆卸底座法兰，用行车将底座吊出，底部垫片做好记号后妥善保存。

（9）检查甩水盒内部腐蚀情况，密封面有无损坏等，清理各部件后逆序进行复装。

六、封闭母线及出口电压装置检修

（一）检修项目

（1）一次连接部分检查、紧固。

（2）机构操作试验。

（3）二次接线端子箱清扫、检查及处理。

（4）CT、PT、避雷器等辅助设备清扫、检查、紧固。

（5）封闭母线气密性试验。

（6）空气干燥装置检查。

（7）母线内部连接检查及处理。

（8）PT保险、触头盒、闭锁装置检查。

（9）接地变压器检查、消缺。

（10）电气预防性试验。

（二）检修工艺

（1）检查封闭母线外壳接地点、紧固件，接地点应连接牢固，接地标识完整，各紧固件连接牢固。

（2）检查母线固定支架等支撑部位紧固、受力情况，支撑部位不得有受力不均的地方。

（3）导体接头部位连接、焊接情况检查，焊接处应无裂纹、损伤。

（4）用吸尘器及抹布清扫灰尘，绝缘子表面无灰尘、无裂纹、无油污，裂纹损伤者应及时进行更换。

（5）紧固绝缘子固定各部螺栓，应螺丝紧固无松动。

（6）主母线外壳清扫检查，应清洁无灰尘，沙眼必须进行补焊。

（7）各绝缘子密封垫、盖板密封垫、观察窗密封垫检查，密封不良的进行更换。

（8）空气循环干燥装置进、回气管与母线连接处密封检查，母线内应干燥无积水。

（9）拆开封闭母线三相密封筒紧箍，退下橡胶密封圈。

（10）拆下密封筒与下筒之间的绝缘封条。

（11）拆开软连接，取下自锁铜螺板，拆卸前应做好标记，防止安装时混淆，出现密封不严现象。

第三节　调相机主机试验

一、定子试验

调相机定子试验项目如表 1-2-1 所示。

表 1-2-1　　　　　　　　　　定子试验项目

试验项目	A 修	C 修	备注
定子绕组绝缘电阻、吸收比或极化指数	√	√	
定子绕组直流电阻	√	×	
定子绕组泄漏电流和直流电压	√	×	
定子绕组工频交流耐压	√	×	
调相机和励磁回路所连接设备绝缘电阻	√	×	
调相机和励磁回路所连接设备交流耐压	√	×	
定子铁心磁化试验	√	×	
检温计绝缘电阻	√	×	
定子绕组端部动态特性和振动测量	√	×	

续表

试验项目	A 修	C 修	备注
定子绕组端部手包绝缘施加直流电压测量	√	×	
定子绕组内部水系统流通性	√	×	
定子绕组端部电晕	√	×	
定子绕组水压试验	√	×	
温升试验	√		第一次 A 修前

注："√"表示需要做该项目，"×"表示不需要做该项目。

（一）定子绕组绝缘电阻、吸收比和极化指数测量

绝缘电阻、吸收比和极化指数是表征绝缘特性的基本参数。在对定子绕组绝缘的测试中，绝缘电阻、吸收比和极化指数的测量是检查绝缘状况最常用的非破坏性试验方法。

进行定子绕组绝缘电阻、吸收比和极化指数的测量通常使用绝缘电阻测试仪。双水内冷调相机通水试验时，应采用水内冷机组专用绝缘电阻测试仪。

1. 试验方法及周期

（1）试验周期。参照《旋转电机预防性试验规程》（DL/T 1768），一般应在 A 级检修前、后及 B、C 级检修时进行定子绕组绝缘电阻、吸收比和极化指数测量。

（2）试验前应具备的条件：

1）试验前应断开定子绕组主引线出线套管与金属封闭母线主回路之间的连接。

2）试验前应断开定子绕组三相在中性点的连接。

3）试验前被试绕组应充分放电。

4）双水内冷调相机应分别测量定子绕组及汇水管、绝缘引水管的绝缘电阻。绝缘电阻测量应在消除剩水影响的情况下进行。

5）双水内冷调相机定子绕组通水进行绝缘电阻试验时，水质应合格。

（3）试验方法与步骤。定子绕组绝缘电阻测量一般应分相进行，分别测量每相或每分支对地及对其余接地相的绝缘电阻。

测试时应记录被测绕组温度。双水内冷调相机绝缘电阻通水测试时，必

须将汇水管接至测试仪器的屏蔽端子。

2．试验标准

各相或各分支绝缘电阻值的差值不应大于最小值的 100%。若在相近测试条件（温度、湿度）下，绝缘电阻值降低到历年正常值的 1/3 以下时，应查明原因。

双水内冷调相机汇水管绝缘可用万用表测量，测量结果应满足制造厂技术要求。

3．注意事项

由于测量绝缘电阻时，施加在绝缘上的电压是比较低的，因此一般不能反映主绝缘的局部缺陷。而局部缺陷又是引起定子绝缘击穿最主要的因素，在实际试验中常发现有时绝缘电阻和吸收比值虽然很高,但却在耐压试验中被击穿，说明不能只凭绝缘电阻和吸收比来判断绝缘的情况。这一试验方法可以作为辅助试验方法，试验结果用以作为判断绝缘好坏的参考。

（二）定子绕组直流电阻测试

测量定子绕组直流电阻是检查绕组导体是否存在断股、断裂、开焊或虚焊等缺陷的重要手段，是检查调相机定子绕组导电回路完好性的重要方法。

参照《旋转电机预防性试验规程》（DL/T 1768），一般在 A 级检修时进行定子绕组直流电阻测试，但测试周期一般不超过 3 年。

1．试验方法

（1）试验前应具备的条件：

1）试验前应断开定子绕组主引线出线套管与封闭母线主回路之间的连接。

2）试验前应断开定子绕组三相在中性点的连接。

3）试验前被测绕组应充分放电。

4）在冷态进行试验时，绕组表面温度与周围空气温度之差不应大于 ±3K。

（2）试验方法与步骤。定子绕组直流电阻测试一般应分相进行，分别测量每相或每分支的绕组电阻。试验时，将测试线与被测绕组连接。试验时应记录被试设备的绕组温度、环境温度、相对湿度等。

2．试验标准

各相或各分支的直流电阻值，在校正了由于引线长度不同而引起的误差后，相互之间的差别不得大于最小值的 2%。换算至相同温度下与初次（出厂或交接时）测量值比较，相差不得大于最小值的 2%。超出此限值者，应查明原因。

相间（或分支间）差别及其出厂值的相对变化大于 1% 时，应引起注意。

（三）定子绕组泄漏电流及直流耐压试验

定子绕组泄漏电流及直流耐压试验是用较高的直流电压来测量绝缘电阻，同时在升压过程中监测泄漏电流的变化，不仅可从电压和电流的对应关系中判断绝缘状况，有助于及时发现绝缘缺陷，而且由于试验电压比较高，能更有效地发现一些尚未完全贯通的集中性缺陷。在进行直流耐压试验时，定子绕组端部绝缘的电压分布较交流耐压时高，所以与交流耐压试验相比，直流耐压试验更易于检查出端部的绝缘缺陷。

直流耐压试验对绝缘的损伤比较小，当外施直流电压较高以至于在气隙中发生局部放电后，放电所产生的电荷使在气隙里的场强减弱，从而抑制了气隙内的局部放电过程，因此直流耐压试验不会加速绝缘老化。

参照 DL/T 1768《旋转电机预防性试验规程》，一般应在 B、C 级检修时及 A 级检修前、后进行定子绕组泄漏电流及直流耐压试验。

定子绕组泄漏电流及直流耐压试验通常使用直流高压试验装置进行，双水内冷调相机通水试验时，应采用水内冷机组通水直流高压试验装置。

1. 试验方法

（1）试验前应具备的条件：

1）试验前应断开定子绕组主引线出线套管与封闭母线主回路之间的连接。

2）试验前应断开定子绕组三相在中性点的连接。

3）试验前被测绕组应充分放电。

4）拆除调相机测温元件与仪表连接，将测温元件全部短接并可靠接地。

5）将调相机转子绕组短接并可靠接地。

6）试验应采用高压屏蔽法接线，必要时可对出线套管加以屏蔽。双水内冷调相机汇水管设有绝缘，应采用低压屏蔽法接线。冷却水质应透明纯净，无机械混杂物，电导率满足制造厂技术要求。

7）应在停机后清除污秽前、热态下进行。处于备用状态的机组进行检修时，可在冷态下进行试验。

（2）试验接线。

（3）试验方法与步骤：

1）检查所有试验设备、仪表，正确连接试验回路及设备。

2）试验一般应分相或分分支进行，一相（分支）试验时非被试相（分支）可靠接地。

3）必要时可在试验前对试验设备进行空载试验，无异常后接入被试绕组进行试验。

4）试验电压按每级 0.5 倍额定电压分阶段升高，每阶段停留 1min，并记录泄漏电流。

5）测试时应记录被测绕组温度、环境温度、相对湿度等。

6）试验完毕后将被试相充分放电并接地，然后依次进行另外两相试验，试验方法同上。

2．试验标准

（1）在规定的试验电压下，各相泄漏电流之间的差别不应大于最小值的 100%。

（2）最大泄漏电流在 20μA 以下者，可不考虑各相泄漏电流之间的差别。

（3）泄漏电流不应随时间延长而增大，否则应找出原因将其消除。

（4）泄漏电流随电压不成比例地显著增长时，应及时分析。

3．注意事项

（1）试验系统应具备过电流保护功能，以防止放电击穿造成过电流烧坏整流设备。

（2）每次试验完毕，可用串有约 10MΩ 限流电阻的接地线放电，然后再用接地线直接接触放电。

（3）试验过程中水的电导率不稳定，将影响测试结果的准确性。根据实践经验，水质的好坏及试验过程中水电导率是否稳定，对极化电势的大小影响很大。为减小极化电势的影响，水的电导率最好控制在 1.5μS/cm 以下，并保持稳定不变。为了消除杂质的影响，可以用合格水进行反复冲洗。

（4）当存在高阻性缺陷时，常表现为泄漏电流随电压不成比例上升，而且在电压升高到某一数值时，泄漏电流增长很快，或泄漏电流随时间的延长而升高。

（5）直流耐压和泄漏电流测量试验在接近工作温度下进行，更易发现缺陷。

（四）定子绕组工频交流耐压试验

定子绕组工频耐压试验的主要优点是试验电压和工作电压的波形、频率一致，作用于绝缘内部的电压分布及击穿特性与调相机运行状态相同。所以工频耐压试验对调相机主绝缘的考验更接近运行实际，可以通过该试验检出绝缘在工作电压下的薄弱点，因此工频耐压试验是调相机绝缘试验中的重要项目之一。

参照《旋转电机预防性试验规程》（DL/T 1768），一般在 A 级检修前或更换绕组后进行定子绕组工频耐压试验。

1. 试验方法

（1）试验前应具备的条件：

1）试验前应断开定子绕组主引线出线套管与封闭母线主回路之间的连接。

2）试验前应断开定子绕组三相在中性点的连接。

3）试验前被测绕组应充分放电。

4）拆除调相机测温元件与仪表连接，将测温元件全部短接并可靠接地。

5）将调相机转子绕组、封闭母线、电流互感器等应短接并可靠接地。

6）应在停机后清除污秽前、热态下进行。处于备用状态时，可在冷态下进行。

7）双水内冷调相机一般应在通水的情况下进行试验，水质要求应满足制造厂技术要求。

8）工频耐压试验前，应测量调相机定子绕组的绝缘电阻，若有严重受潮或严重缺陷时，应在缺陷消除后进行耐压试验。

（2）试验电压。参照《旋转电机预防性试验规程》（DL/T 1768），定子绕组工频交流耐压试验电压值的选择参照标准进行。

（3）试验方法与步骤：

1）检查所有试验设备、仪表，正确连接试验回路及设备。

2）试验一般分相进行。试验时将非被试相绕组短路接地。

3）试验变压器在空载条件下调整保护间隙，使其放电电压为试验电压的 110%～115%，然后升至试验电压值下维持 1min，无异常情况即降电压至零，切断电源。

4）试验开始前确认工频交流耐压试验仪调压在零位。合上电源开关，调节调压器，逐渐升高电压到 U_N，停留 1min，检查调相机及试验设备正常，继续升高电压至额定试验电压，停留 1min，并记录高压侧电流。

5）试验电压降至零后断开试验系统电源，将被试绕组充分放电。

6）试验完毕后将被试相充分放电并接地，然后依次进行另外两相试验。

2. 试验标准

被试绕组在规定的试验电压和试验时间内不应出现闪络、击穿等现象。测量被试绕组绝缘电阻与试验前应无明显变化。

3. 注意事项

（1）采用变频谐振耐压时，试验频率应为 45～55Hz。

（2）试验过程中，如发现下列不正常现象时，应立即断开电源，停止试验，并查明原因：

1）电压表指针摆动大，电流表指示急剧增加。

2）调压器继续升压，电流上升很快，甚至电压不变或有下降趋势。

3）被试电机内有放电声或发现绝缘有烧焦味、冒烟等。

（五）定子铁心试验

机组运行期间，由于各种原因引起的铁心叠片间的绝缘故障会导致故障电流在铁心内的局部范围产生。这些电流会导致过热现象或在损坏区造成热点，局部热点将使铁心健康状态进一步恶化，威胁机组及电网安全稳定运行。

参照《发电机定子铁心磁化试验导则》（GB/T 20835），一般在重新组装、更换、修理硅钢片后和必要时开展定子铁心试验。

本节介绍定子铁心磁化试验以及使用电磁铁心故障检测仪（Electromagnetic Core Imperfection Detector，ELCID）对定子铁心绝缘状况进行试验和检测的相关内容。

1. 试验方法

（1）试验前应具备的条件：

1）试验应在转子抽出后开展。

2）定子绕组出线与封闭母线连接断开，中性点三相短路接地。

3）定子铁心、绕组以及所有测温元件已可靠接地。

4）试验前在定子铁心两端搭建符合试验要求的支架用以固定励磁电缆。

5）膛内作业所需照明已准备完毕。

（2）定子铁心磁化试验：

1）初始温度测量。试验前，应测量定子铁心初始温度和环境温度，二者温差应不超过 5K。

2）试验步骤。试验时，在励磁线圈施加工频交流电源。按测量绕组感应电压值计算实际磁感应强度 B。

试验记录：试验时，至少每隔 15min 分别测量并记录频率、励磁线圈电压、测量线圈端电压、励磁线圈电流、功率、定子铁心温度和环境温度。有条件时可以测量铁心预埋检温计的温度。

由各次测得的结果计算实际磁通密度、功率损耗、单位铁损耗、最高铁心温升和最大铁心温差。

3）ELCID 方法定子铁心试验。调相机定子铁心进行 ELCID 试验时，铁心施加 4%额定励磁。当铁心片间绝缘存在损伤时，交变的磁通就会在故障区域感应出故障电流。试验时，将探测线圈横跨两齿，探测线圈就能接收到感应出的故障电流信号。

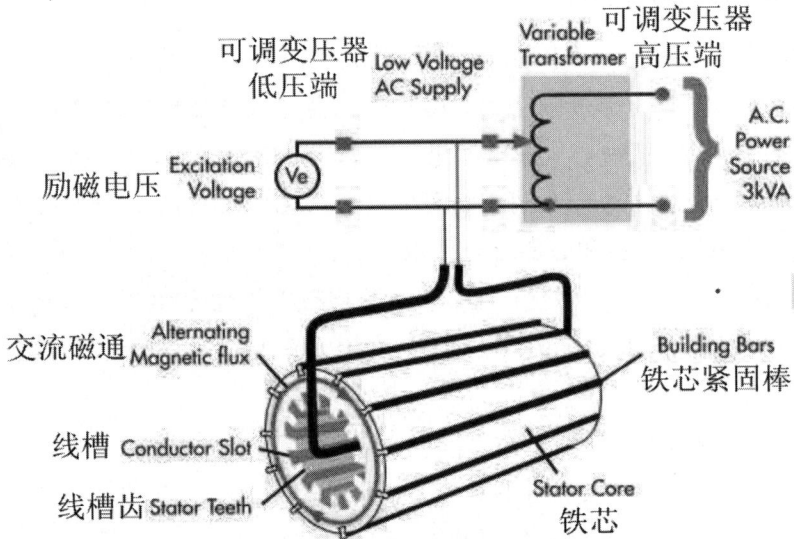

图 1-2-1 ELCID 试验接线示意图

2．试验标准

（1）铁心磁化试验。

1）铁心最大温升限值。在规定的磁通密度下，试验经过规定时间后，调相机铁心最大温升限值小于或等于 25K。

2）铁心相同部位（定子齿或槽）温差的限值。在规定的磁通密度下，试验经过规定时间后，调相机铁心相同部位（定子齿或槽）温差的限值小于或等于 15K。

（2）ELCID 方法定子铁心试验。铁心局部故障修理完成后或进行铁心局部缺陷进行铁心试验时，采用电磁铁心故障检测仪（ELCID）进行检测的测量电流一般应不大于 100mA。

最终判断依据为全磁通方法的铁心磁化试验。

3．注意事项

（1）定子铁心磁化试验前、后应测量穿心螺杆绝缘，避免穿心螺杆接地。

（2）试验时，应密切监测定子铁心温升、振动及噪声情况，出现异常时应停止试验，查明原因并排除异常后方可继续试验。

（3）定子铁心膛内不得存放金属容器等铁磁性物品。

（4）试验时布置励磁电缆应尽可能使其膛内部分拉直并固定，避免试验中励磁电缆不固定影响试验数据。

（5）试验过程中试验小车移动速度应符合 ELCID 操作要求。

（六）定子绕组水路水压试验

水压试验是对定子绕组水路进行密封性检验的主要方法之一。双水内冷调相机定子绕组水路水压试验对象为定子绕组主水路以及总进、出水管和绝缘引水管。

参照《旋转电机预防性试验规程》（DL/T 1768），应在 A 级检修时进行定子绕组水路水压试验。

1．试验方法

双水内冷调相机绝缘盒检查、绝缘引水管检查、总水管检查、测温元件检查、定子绕组检查等检修工作完成后开展定子绕组水路水压试验对定子绕组水路的密封性进行检查。

定子绕组水路水压试验时，现场装配试验工装，通过总进、出水管泵入清洁水。

按照制造厂技术要求，双水内冷调相机定子绕组水压试验压力为0.75MPa，保压时间8h。

水压试验合格后，定子需排尽水并用干燥仪用压缩空气吹干。

水压试验合格后复装外部管道，更换新的密封垫圈。

2. 试验标准

保压结束后，检查各部位应无泄漏，试验回路压力表表压变化应不超过±5%。

（七）定子绕组水路超声波流量测试

检查定子绕组内部水系统流通性的方法一般有超声波流量法及热水流法。参照《旋转电机预防性试验规程》，一般在 A 级时进行定子绕组内部水系统流通性检查。

本部分介绍利用超声波流量法检查定子绕组内部水系统流通性的相关内容。

1. 测试方法

（1）测试前应具备的条件：

1）定子冷却水系统应充分排气，引水管表面应擦拭清洁。

2）定子冷却水系统宜为额定运行方式，测试期间应保持压力、流量稳定。

3）对引水管进行编号，记录引水管材质、管径、壁厚等参数。

（2）测试方法与步骤：

1）测试前，完成超声波流量仪的参数设置、传感器安装、调零等准备工作。

2）测试时，超声波流量计探头贴附于管道外侧进行测试。测试点位置宜选在直管段部位，应消除弯管等因素对测量结果的影响。

3）测试过程中，应在传感器接触面涂抹凡士林类耦合剂，使传感器与引水管表面接触良好。

4）测量时，应记录水温、进水压力、总进水管流量、各引水管水流量。

5）标记测试不合格的引水管，水系统停运后，从排污管排尽水路中的水，从总水管端拆除异常引水管，用氮气吹扫绕组。复装引水管后进行定子绕组水压试验，然后再次进行超声波流量试验。

6）测量工作完成后，应清理各测试点的耦合剂。

2．评定标准

参照《发电机定子绕组内冷水系统水流量超声波测量方法及评定导则》（DL/T 1522）及制造厂技术要求，每种管道冷却水流量与同类管道水流量平均值之差不超过此类内冷水流量平均值的10%。

3．注意事项

测试过程中不得踩踏总水管、绝缘引水管、绝缘盒等或将其作为受力点。

（八）定子绕组端部模态测试

调相机运行时，定子绕组端部的振动主要由绕组电流与端部漏磁场的相互作用所产生的二倍频振动力以及定子铁心的椭圆振动两个因素引起。

定子端部固定元件在电磁力作用下的振幅与电流的平方成正比，运行期间端部绕组将承受相当大的激振力。调相机定子端部绕组由于制造、安装、检修等因素，许多垫块与线棒间只是点接触，不能形成刚体结构。如果绕组端部在两倍工频电磁力激励下形成共振，端部绑扎结构和线棒绝缘很容易遭到破坏。

实践表明，由于定子绕组端部振动引起的事故往往具有突发性和难于简单修复的特点，损失往往极为严重。因此准确测量定子绕组端部的动态特性，预测调相机在实际工作状态下的振动状态，对预防由于定子绕组端部振动引起的相间短路、漏水、股线断裂等故障有着重要意义。

参照 DL/T 1768《旋转电机预防性试验规程》，应在 A 级检修时进行定子绕组端部模态测试。

1．测试方法

（1）测试仪器。定子绕组端部模态测试系统由压电式加速度传感器、力锤、数据采集系统、模态分析软件等组成。

（2）测试方法。

调相机定子绕组端部的定子绕组端部模态测试采用锤击法来得到测点的频响函数。用力锤激励绕组端部，用加速度传感器测量其加速度响应。力信号和加速度信号经电荷放大器放大后，送至动态信号分析仪进行分析，就可得到结构的频响函数。由频响函数可得到它们的固有频率。

用适当的模态分析软件对得到的频响函数做进一步分析、拟合，可得到模态参数，即得到绕组的固有频率、振型和阻尼比等。

2. 评定标准

调相机的定子绕组端部模态测试结果评定参照 GB/T 20140《隐极同步发电机定子绕组端部动态特性测量方法及评定》执行。

调相机额定转速为 3000r/min，根据 GB/T 20140，其端部整体椭圆固有频率应避开 95～110Hz。

二、转子试验

调相机转子试验项目如表 1-2-2 所示。

表 1-2-2   转 子 试 验 项 目

试验项目	A 修	C 修	备注
转子绕组绝缘电阻	√	√	
转子绕组直流电阻	√	×	
转子绕组交流耐压	√	×	
转子绕组交流阻抗和功率损耗	√	×	
RSO 试验	√	×	
转子绕组通风试验	√	×	
转子绕组水压试验	√	×	
轴电压	√	×	

注："√"表示需要做该项目，"×"表示不需要做该项目。

（一）转子绕组绝缘电阻测试

绝缘电阻、吸收比和极化指数是表征绝缘特性的基本参数。

参照《旋转电机预防性试验规程》（DL/T 1768），一般应在 B、C 级检修时及 A 级检修转子清扫前、后进行转子绕组绝缘电阻测试。

1. 测试方法

（1）测试前应具备的条件。测试前应拆除转子集电环电刷。

测试前被测转子绕组应充分放电。

（2）测试方法与步骤。转子绕组绝缘电阻测试一般采用 1000V 绝缘电阻测试仪测量，双水内冷调相机转子绕组绝缘电阻测试一般使用 500V 绝缘电阻测试仪。

制造厂有相关规定的按制造厂要求执行。

2. 测试标准

（1）转子绕组绝缘电阻值一般不小于 0.5MΩ。

（2）双水内冷调相机转子绕组绝缘电阻值一般不小于 5kΩ。

（3）对于 300Mvar 以下的隐极式调相机当定子绕组已干燥完毕而转子绕组未干燥完毕，如果转子绕组的绝缘电阻值在 75℃时，不小于 2kΩ，或在 20℃时不小于 20kΩ，允许投入运行。

（4）对于 300Mvar 及以上的隐极式调相机，转子绕组的绝缘电阻值在 10℃～30℃时不小于 0.5MΩ。

（5）制造厂有相关规定的按制造厂要求执行。

3. 注意事项

仪器的接地端子须良好接地。

测试完毕应对被试绕组进行放电，测试仪器具备放电功能的应等待仪器显示放电完毕后方可断开测试连接线。

（二）转子绕组直流电阻测试

测量转子绕组直流电阻能有效发现调相机绕组选材、焊接、连接部位松动、断线等制造缺陷和运行后存在的隐患，是检查转子绕组导电回路完好性的重要方法。

参照《旋转电机预防性试验规程》（DL/T 1768），一般在 A 级检修时进行转子绕组直流电阻测试。

1. 测试方法

转子绕组直流电阻应在冷态下测量。

将直流电阻测试仪专用测试线连接至被测绕组并检查接触良好。

进行转子绕组直流电阻测试并记录测试结果。

2. 测试标准

转子绕组直流电阻测量值与初次（出厂、交接或首次 A 级检修）所测结果比较，换算至同一温度下其差别一般不超过 2%。

3. 注意事项

仪器的接地端子须良好接地。测试完毕应对被试绕组进行放电，测试仪器具备放电功能的应等待仪器显示放电完毕后方可断开测试连接线。

（三）转子绕组的交流阻抗和功率损耗试验

隐极式同步调相机在检修过程中，应依据相关规程要求进行转子绕组匝间短路故障诊断，转子绕组的交流阻抗和功率损耗试验是转子绕组匝间短路故障诊断的重要方法之一。

参照《旋转电机预防性试验规程》（DL/T 1768），一般在 A 级检修或必要时进行转子绕组的交流阻抗和功率损耗试验。

1. 测试方法

（1）测试前应具备的条件。试验应符合下列条件：

1）根据机组检修的不同阶段，可在静止、旋转、膛内、膛外状态下进行测量。

2）试验时，应退出转子接地保护，并断开转子绕组与励磁系统的电气连接。

3）当在膛内进行测量时应断开转子接地保护的保险，定子绕组三相不应短接。

4）双水内冷调相机转子在通水测量时，应采用隔离变压器加压。

5）交流阻抗和功率损耗试验条件及方式应参照表 1-2-3。

表 1-2-3   调相机检修期间交流阻抗和功率损耗试验条件及方式

序号	试验阶段	转速	电压	备注
1	检修机组，定子膛外	0	50、100、150、200、220	升压测量
2	检修机组，定子膛内，定子绕组开路	0~n，N 每间隔 300	50、100、150、200、220	升速测量

（2）试验接线。

交流阻抗试验接线见图 1-2-2。

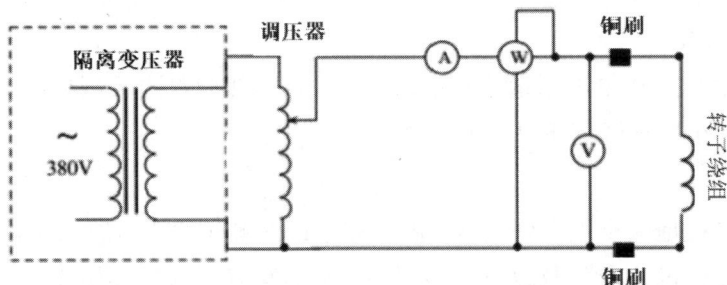

图 1-2-2   调相机转子交流阻抗测量接线图

（3）试验方法与步骤：

1）静态下转子交流阻抗测量。

将导线将集电环或径向导电螺栓与测试电源连接；测量并记录电压、电流、有功功率。

2）旋转状态下转子交流阻抗测量。

可用装在绝缘刷架上的电刷将测试电源接到集电环上；

测量并记录电压、电流、有功功率。

2. 试验标准

阻抗和功率损耗值在相同试验条件下与历年数值比较，不应有显著变化。出现以下变化时应注意：

（1）交流阻抗值与出厂数据或历史数据比较，减小超过 10%；

（2）损耗与出厂数据或历史数据比较，增加超过 10%；

（3）交流阻抗与出厂数据或历史数据比较减小超过 8%，同时损耗与出厂数据或历史数据比较增加超过 8%；

（4）在转子升速与降速过程中，相邻转速下，相同电压的交流阻抗或损耗值发生 5%以上的突变时。

与历年数据比较，如果变化较大可采用动态匝间短路检测法、重复脉冲法等方法查明转子绕组是否存在匝间短路。

3. 注意事项

（1）转子附近的铁磁性物质会对测试结果产生影响，一般会使交流阻抗变大，功率损耗增加。

（2）随着电压的升高，交流阻抗值变大，功率损耗增加。

（3）当转子处于膛内时，与处于膛外相比，交流阻抗变大，功率损耗增加。

（4）当转子处于旋转状态时，与静止状态相比，交流阻抗变小，功率损耗增加。

（5）转子在首次检修时的试验数值，可能与交接时的数值有较大的差异。

（6）每次试验应在相同条件、相同电压下进行，试验电压为 220V（交流有效值）或参考出厂试验、交接试验电压值，但峰值不超过额定励磁电压。

（四）重复脉冲（RSO）法测量转子匝间短路试验

重复脉冲（RSO）法测量转子匝间短路试验是对隐极式同步调相机转子绕组匝间短路进行故障诊断的重要方法之一。实践表明，相对于交流阻抗、直流电阻等传统方法，重复脉冲（RSO）法能更灵敏地在故障早期就检测到潜在的转子绕组匝间短路。

参照《旋转电机预防性试验规程》（DL/T 1768），一般在 A 级检修或必要时进行重复脉冲（RSO）法测量转子匝间短路试验。

1. 试验方法

（1）试验前应具备的条件：

1）根据交接和检修的不同阶段，可在转子处于膛外、膛内或不同转速下进行。

2）试验时，应断开转子接地保护的保险，并断开转子绕组与励磁系统的电气连接。

（2）试验方法与步骤。应通过转子滑环或导电螺栓，从转子正负极同时或分别注入脉冲信号。对正负极的响应信号进行波形测录，并得到两极响应信号的差值。

2. 试验标准

故障判断应符合下列原则：

（1）两极的响应出现明显差值，则判断转子绕组存在匝间短路。

（2）在旋转状态下通过电刷注入脉冲时，在波形起始段的起伏不应误判为存在匝间短路。

（3）诊断灵敏度与绕组距脉冲注入点的距离有关，距离越近灵敏度越高。

3. 注意事项

重复脉冲法测试转子绕组匝间短路不应用于判别两极中点位置的匝间短路。

（五）空冷调相机转子通风试验

空冷调相机应在大修时开展转子通风试验，检验转子绕组空冷系统的通风情况，避免机组运行过程中出现转子绕组局部超温现象。

参照《旋转电机预防性试验规程》（DL/T 1768），一般在 A 级检修时进行转子通风试验。

1. 试验方法

将专用蜗壳式进风室装在一端转轴及风扇环与护环间轴上，另一端转轴及风扇座环及护环间轴上安装保压室。压力计探头接入专用蜗壳式进风室内。将专用工具（风孔塞、粘带等）将所有槽楔通风孔堵住，转子大齿甩风槽也应堵严。

试验方法与步骤。副槽通风方式的空冷调相机：

1）起动鼓风机，将蜗壳及保压室内的风压调整到 1000Pa±50Pa。

2）取掉待检验通风孔的专用堵塞工具，把风速仪入口对准待检验通风孔，记录显示仪上的最大稳定读数，然后将该通风孔重新堵住。

3）按上述方法对全部槽楔通风孔逐个进行检验，并记录读数。

4）检验结束后，拆去所用的试验工具，再次目视检查每个槽底副槽和槽楔通风孔，确定无异物堵塞。

数据处理：

1）求出每槽通风道的平均风速；

2）用风速仪测量到的风速乘以风速仪测量处的过流面积，得到相应通风孔的风量。

2. 试验标准

（1）每槽通风道内径向通风孔平均风量不允许低于 $1.45 \times 10^{-3} \mathrm{m}^3/\mathrm{s}$。

（2）不允许存在风量低于 $9.0 \times 10^{-4} \mathrm{m}^3/\mathrm{s}$ 的通风道。

（3）整个转子内，风量在 $1.14 \times 10^{-3} \mathrm{m}^3/\mathrm{s}$ 以下的通风道不允许超过 15 个，且每槽不允许超过 2 个，且此 2 个通风道不允许出现在相邻的位置上。

（4）由于设计引起的特殊通风道（如浅槽中引起的相应端部出风孔的通风道数减少）造成的测量值偏低可根据具体情况分析判别。

（5）鉴于不同制造厂商生产的不同容量机组的转子，在结构形式上存在差异，不宜采用统一的风速绝对数值，而应主要采用风速值的相对比较作为检测判据。

（6）转子上各个通风孔的出风风速值分别与在相同通风道路径条件下（在转子同一个横截面）转子各槽通风孔出风风速的算术平均值进行相对比较。必要时，也可将各通风孔出风风速值分别与在转子几何对称位置上的通风孔出风风速值进行相对比较进行分析判别。

（7）将各通风道出风风速值与历史数据进行相对比较进行分析判别。

3. 注意事项

转子槽部通风道的检验按各个制造厂或现场的具体情况，按照《隐极同步发电机转子气体内冷通风道检验方法及限值》（JB/T 6229）所述的检验方法进行。

各次试验宜采用同一类型的仪表。

（六）双水内冷调相机转子绕组水路水流量试验

双水内冷调相机应在大修时开展转子绕组水路水流量试验，检验转子绕组水路流通情况，避免机组运行过程中出现转子绕组局部超温现象。

参照《旋转电机预防性试验规程》（DL/T 1768）及制造厂技术要求，一般在 A 级检修时进行转子绕组水路水流量试验。

1. 试验方法

（1）A 级检修转子抽出后进行转子绕组水路水流量试验；

（2）试验时，水压保持 0.1MPa，每个线圈测试时间 15s；

按上述方法对全部线圈逐个进行试验，并记录读数。

2. 评定标准

对两极出水量进行对比，要求最小值不得超过最大值的 20%。

3. 注意事项

试验过程应做好防护，防止转子绕组、集电环等部位进水、受潮。

（七）双水内冷调相机转子绕组水路水压试验

双水内冷调相机转子绕组水路水压试验是密封性检查的重要试验。

参照《旋转电机预防性试验规程》（DL/T 1768）及制造厂技术要求，一般在 A 级检修时进行转子绕组水路水压试验。

1. 试验方法

参照《汽轮发电机漏水、漏氢的检验》（DL/T 607）及制造厂技术要求，双水内冷调相机转子绕组水路水压试验压力一般为 7.5MPa。

水压试验结束后，应复测转子绕组绝缘电阻。

2. 试验标准

双水内冷调相机转子绕组水路水压试验应在 7.5MPa 压力下保持 8h 无渗漏。水压试验结束后复测转子绕组绝缘电阻应符合制造厂技术要求。

第四节　常见故障及处理措施

一、定子绕组温度不一致

（一）故障描述

定子三相电流相同，而定子槽内的各温度显示差异较大。

（二）故障处理方法

（1）检查温度测点端子是否松动，若松动需重新紧固。

（2）检查埋入的电阻测温计（RTD）。在测量埋入电阻测温计（RTD）的电阻时，应注意不能使其受热，以免数据不准确。很多情况下，通过重新校正电阻测温计（RTD）可排除故障。

（3）当电阻测温元件指示线圈温度过高或温差大于规定值，这一般可能是线圈水路局部不畅而造成过热所致，其原因可能是绝缘引水管弯瘪或空心铜线内杂质堵塞，此时应加强监视并考虑在线反冲洗，必要时进行酸洗，并复验电阻测温元件阻值。

二、转子轴振过大

（一）故障描述

转子轴振高于告警值。

（二）故障处理方法

（1）剧烈振动是可能是由"油膜振荡"造成的，原因是润滑油过于粘稠。可以通过提高进油温度（不低于27℃）来改善。

（2）由电气短路、局部温升过高导致，该振动会受励磁电流的影响，可通过调整励磁电流来判断，调整范围大约在额定励磁电流的±10%。

（3）如果振动不随励磁电流的变化而变化，该振动很可能是由机械原因引起的。此时，需要加强对振动水平进行监测，必要时停机处理。

三、出水支座漏水

（一）故障描述

出水支座处有明显的渗水或喷溅水痕迹。

（二）故障处理方法

（1）检查密封齿与转轴间隙，如果超差则调整齿与转轴之间的间隙。

（2）检查出水支座挡板与转子泄水槽的相对位置是否对齐，如有偏差则需调整。

（3）检查平台上出水支座出口段管路斜度是否满足坡度 3%的要求，如不满足则需调整。

（4）检查回水箱放气阀是否打开，运行时需确保其打开。

四、轴瓦温度异常

（一）故障描述

轴瓦温度超过或低于告警值

（二）故障处理方法

（1）检查进油温度，进油压力是否符合要求。

（2）检查管道油路是否畅通，有无堵塞等。

（3）检查轴承载荷有无异常，轴系标高有无异常，基础有无沉降等。

（4）检查油质。

（5）瓦温持续升高并达到报警值，应密切关注并做相关检查。

五、集电环故障

（一）故障描述

集电环温度异常、存在打火或异响等现象。

（二）故障处理方法

（1）检查滑环表面的光洁度、跳动，不得超过规定值，否则须进行车削打磨处理；检查碳刷在刷握内能否上下自如的活动，更换跳动和卡涩的碳刷。

（2）检查碳刷型号，必须使用原装正品碳刷用弹簧秤检查恒压弹簧压力，并进行调整恒压弹簧压力须满足要求且压力均匀，最大与最小的差别不得超过10%。

（3）碳刷使用较短时，须特别注意刷辫不能限制碳刷运动，若出现此情况，必须更换碳刷或调整刷辫一般使用不要超过碳刷长度 2/3，或碳刷刻度线用直流钳形电流表检测每个碳刷电流，对电流过大、过小的碳刷须拔出刷握检查碳刷接触面、活动自由度及恒压弹簧压力、位置，使碳刷接触面良好、自由活动、压力均匀。

（4）检查滑环表面，进行清理、吹扫，若有异物附着，查明原因并彻底处理。

第五节　调相机主机故障及案例

一、封闭母线故障

（一）故障特征

封闭母线故障，导致定子接地保护动作。

（二）监测手段

远程视频监控，OWS 后台监视。

（三）案例

2018 年 2 月 18 日，某换流站 2 号调相机调变组保护 B 套定子接地保护动作，500kV 5022、5023 开关跳闸，造成 2 号调相机跳机。

（四）分析诊断方法

封闭母线为全密封结构，母线外壳防尘防水、气密性较好，配有微正压和热风保养两套系统（微正压保气时间可达 30min 以上），如图 1-2-3 所示。两套系统只向封闭母线内部充入经过干燥后的空气，不向外抽气，现场封闭母线只在室内设有湿度监测装置。微正压装置对封闭母线的充气口位于封闭母线室内段，如图 1-2-4 所示。

1. 微正压系统

启停条件：当母线压力低于 300Pa 时，装置自动启动；当压力达到 2500Pa 时，装置自动停止。

主要功能：向母线充入经过干燥的空气，保证母线内部压力大于外部环境，阻止外部环境潮气进入，无除湿脱水功能。

2. 热风保养系统

启动条件：手动启停，只在调相机开机前 1～2h 启动，调相机运行期间不投入。

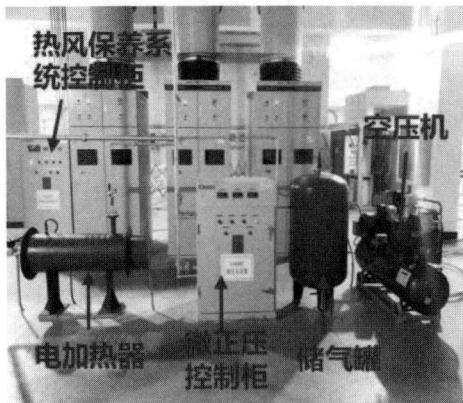

图 1-2-3 微正压和热风保养系统　　图 1-2-4 微正压装置进气口

主要功能：将室内环境的空气加热充入母线一端，从另一端排除，保证母线内部空气流通，可将母线内部潮湿的空气排出，仅通风、排气，改善降低母线内湿度，使母线内相对干燥，提高母线绝缘性能，没有循环脱水功能。

经过对现场母线布置、母线运行时的温度情况、母线微正压、热风保养系统运行的实际情况分析，出现母线绝缘下降和凝露的原因如下：

（1）调相机运行期间不投入热风保养系统，无法排出母线内潮湿空气。由于设计未考虑调相机运行的实际工况及东北低温运行环境，调相机运行期间经常达不到额定功率，母线发热量小，不能平衡室内外温差，水汽容易在户外段凝结。

（2）微正压系统不能对封闭母线内的空气进行有效除湿。当室外环境温度下降，封闭母线内外温差增大，室外段封闭母线内空气中水汽达到露点温度，在封闭母线内壁会形成凝露。

因此，调相机母线微正压和热风保养系统不能完全对补充到封闭母线内的空气进行除湿是造成封闭母线结露绝缘下降的主要原因。

二、双水内冷调相机转子进水支座漏水故障

（一）故障特征

调相机转子盘根处大量漏水，水流通过碳刷架下的空隙进入刷架处，导致刷架导电板接地，引发转子一点接地保护动作跳机。

（二）监测手段

远程视频监视，OWS 后台监视。

（三）案例

2018 年 2 月 7 日 08:38，某换流站 2 号机调变组保护"转子一点接地保护"信号发出并动作跳机，跳开调变组高压侧 5602 断路器及灭磁开关，2 号调相机停机。2018 年 5 月 25 日 18:35，某换流站 1 号调相机转子盘根处大量漏水，水流通过碳刷架下的空隙进入刷架处，导致刷架导电板接地，引发转子一点接地保护动作跳机。

（四）分析诊断方法

1. 某换流站 2 号调相机转子进水支座漏水现场检查

（1）调相机设备检查情况。

1）转子盘根冷却水管连接螺栓在盘根进水处根部断裂，致使冷却水喷出，如图 1-2-5、图 1-2-6 所示。

2）连接螺栓断裂处喷出的水沿滑环隔声罩底部流入隔音罩，检查发现罩内底部有残余水渍，滑环表面有潮湿痕迹，如图 1-2-7 所示。

图 1-2-5　转子盘根冷却水管漏水情况　　图 1-2-6　盘根冷却水管根部断裂情况

3）现场检查中还发现，2 号调相机转子盘根冷却水管只有一点固定（如图 1-2-8 所示），手摇水管可往复晃动，这种结构长期振动运行可导致螺栓疲劳。

图 1-2-7 滑环隔声罩内积水情况

图 1-2-8 盘根冷却水管固定情况

（2）断裂螺栓金属检验情况。

1）宏观检查。

螺栓和螺母为整体成型，不可拆卸，宏观检查发现，螺栓在螺母下沿第 2 节螺纹至螺母处撕裂断开，断口较为平整，螺栓无断齿等外部损伤，如图 1-2-9 所示。

图 1-2-9 断裂螺栓外形图

2）成分分析。

对螺栓的成分进行检测分析，参照《不锈钢和耐热钢牌号及化学成分》（GB/T 20878—2007）标准要求，各元素含量符合要求。

综上所述，初步判断螺栓断裂是由螺栓制造质量问题引起，螺栓断口处存在大量夹杂物，造成螺栓强度下降，加之螺栓长期振动运行导致疲劳，发生脆性断裂。

2. 某换流站 1 号调相机转子进水支座漏水现场检查

（1）转子盘根与进水短管密封不严，且转子进水短管磨损严重，致使转子内冷水大量漏出，漏出的水自滑环小室底部和测速齿轮保护罩流入滑环小室内，整个滑环小室底板有大量积水，滑环表面有潮湿痕迹，如图 1-2-10 所示。

图 1-2-10　碳刷底座和护罩上的水渍

（2）转子盘根和进水短管磨损严重，转子盘根冷却水回水密封罩处锈蚀严重，如图 1-2-11 所示。

图 1-2-11　盘根及进水短管检查情况

根据故障检查情况，分析认为转子盘根冷却水管固定方式不合理是导致此次故障的主要原因。

2号调相机转子盘根冷却水管为硬连接方式，固定点较少，在机组运行过程中水管振动使得连接螺栓处产生较大应力，并且螺栓制造质量存在缺陷，在应力作用下根部发生脆性断裂，致使水管内冷却水喷出，造成转子滑环受潮发生转子接地故障。

1号调相机转子进水支座发生漏水等问题的主要原因是进水支座内部结构不合理。

转子盘根作为进水支座内的密封材料（主要对冷却水在静止部件与转动部件间传递时起到密封、润滑作用），运维中需要根据支座排水量人工调节其密封度，调节过松会造成排水量增大，带来安全隐患；调节过紧则会使其磨损严重缩短使用寿命。韶山站1号调相机盘根调节过紧，运行一段时间后磨损过快，无法满足转子进水部件动、静密封性要求。进水支座内部结构如图 1-2-12 所示。

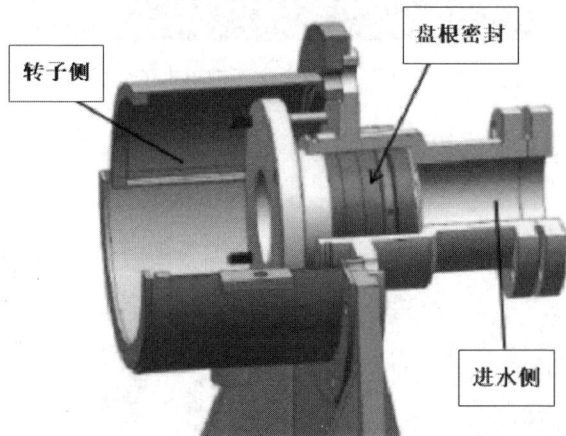

图 1-2-12 进水支座内部结构图

第二篇

调相机励磁系统

第一章 理 论 知 识

第一节 励磁系统概述

励磁系统为同步电机提供磁场电流。调相机励磁系统为自并励静止励磁系统，接线如图 2−1−1 所示，主要包括：自动电压调节器（AVR）、可控硅整流装置、灭磁及过电压保护装置、启动励磁装置、励磁变压器及启动励磁变压器。励磁电源经励磁变压器连接到可控硅整流装置，整流成直流后经灭磁开关接入同步调相机集电环，进入转子绕组。励磁调节器根据输入信号和给定的调节规律控制可控硅整流装置的输出，控制调相机的输出电压和无功功率。启动励磁系统在启动阶段工作，配合 SFC 完成对机组升速拖动，在高于额定转速后切换至主励磁。

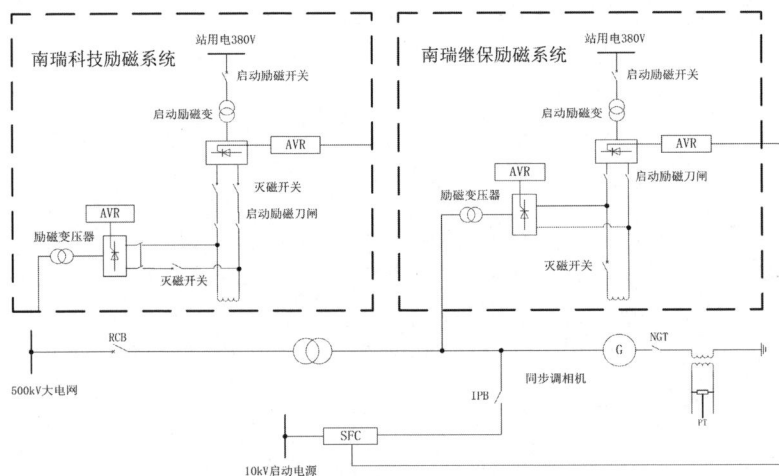

图 2−1−1 励磁系统接线图

励磁系统的主要功能如下：

（1）正常运行或异常情况下，供给电机励磁电流，并根据电机实际情况调整励磁电流，维持机端电压在给定的水平上。

（2）使并列运行的各同步电机合理分配所带的无功功率，使其无功功率得到平稳。

（3）增加并入电网运行的电机的阻尼转矩，以提高电力系统稳定性及输电线路的有功功率传输能力。

（4）在电力系统发生短路故障造成机端电压严重下降时，强行励磁，将励磁电压迅速升到足够的顶值，以提高电力系统的暂态稳定性。

（5）在电机突然解列，甩负荷时，强行减磁，以防止电机电压过度升高。

（6）在电机内部发生短路时，快速灭磁，将励磁电流迅速减小到零值，以减小故障的损害程度。

（7）在不同运行工况下，根据要求对电机实行过励磁限制和欠励磁限制等限制，以确保机组的安全稳定运行。

对于调相机而言，励磁系统的主要作用是：

1. 在启动过程中，启动励磁配合 SFC 完成机组启动

（1）监控系统给 SFC 启动指令（脉冲信号），并闭合启动励磁的励磁切换开关、交流进线开关，SFC 给启动励磁装置开机令（脉冲 0.5～1s），将励磁电流给定值发送给启动励磁装置，此时启动励磁装置工作在 AC 380V 电源供电的他励电流闭环运行方式，SFC 拖动调相机转速到 3150r/min 以上，机端电压大约 10%额定机端电压；

（2）监控系统给 SFC 停机令（脉冲信号），SFC 退出运行，调相机进入惰转状态，转速自然下降；

（3）监控系统发主励开机令（脉冲 0.5～1s）和启动励磁装置停机令（脉冲 0.5～1s），主励磁装置将机端电压升压到额定值。

（4）同期装置判断机端电压、频率、相位，在合适时机并网。

2. 在运行过程中，维持机组电压水平，调节无功出力

（1）正常运行过程中,励磁调节器以调相机机端电压与调节器装置内设置的电压给定值之差作为控制信号，对机端电压进行调节，使机端电压近似等于给定值，从而达到维持机组电压水平的目的。

（2）对于近似工作在纯无功工况的调相机，如图 2-1-2 所示，向系统输送无功功率 Q 与电动势 E 及系统电压 U_s 的关系为：$Q = \dfrac{U_s(E - U_s)}{X_d}$。由于电动势与励磁电流成正比，$U_s$ 近似不变，通过励磁系统的调节改变励磁电流能够直接影响电动势 E，从而改变机组向系统输送的无功。

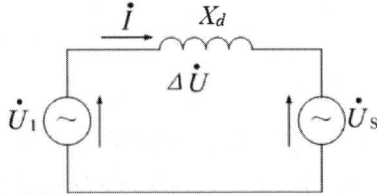

图 2-1-2 简单系统示意图

（3）当交流系统发生故障时，励磁调节器根据系统电压情况，为系统提供无功，支撑系统电压。

目前，调相机采用的主要励磁方式为静止励磁，即自并励励磁方式。静止励磁系统（自并励系统）中励磁电源不用励磁机，而由机端励磁变压器供给整流装置。这类整流装置采用大功率可控硅元件，没有转动部分，故称静止励磁系统。由于励磁电源是调相机机端本身提供，故又称为自并励系统。

静止励磁系统如图 2-1-3 所示。它由机端励磁变压器供电给整流器电源，经三相全控整流桥直接控制调相机转子绕组电流。

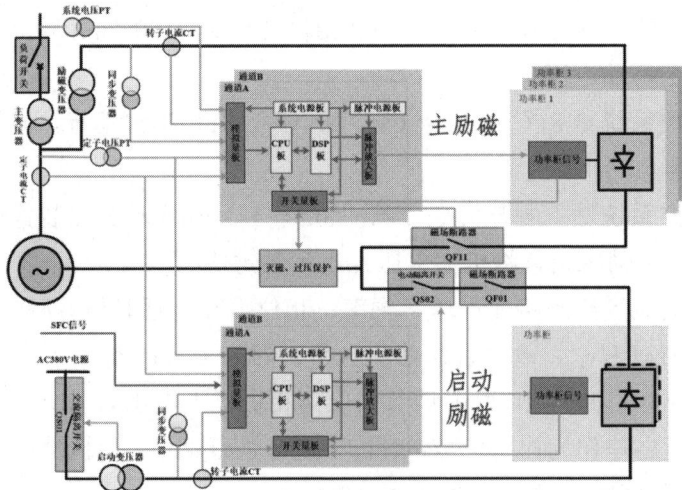

图 2-1-3 静止励磁系统接线

静止励磁系统的主要优点是：

（1）励磁系统接线和设备比较简单，无转动部分，维护费用低，可靠性高。

（2）不需要同轴励磁机，可缩短主轴长度，这样可减少基建投资。

（3）直接用可控硅控制转子电压，可获得很快的励磁电压响应速度，可近似认为具有阶跃函数那样的响应速度。

第二节　励磁系统主要设备

一、励磁调节器

励磁调节器是励磁系统的核心控制元件，是以机端电压、励磁电流或无功功率等变量作为控制信号，实现对这些变量的调节与控制的装置，是励磁系统结构的一个重要组成部分。

励磁调节器采集调相机端电压、定子电流、有功功率、无功功率、转子电流和系统电压等模拟量，并接收运行状态等开关量。控制晶闸管触发角大小，实现机端电压、无功的稳定控制。

采用双通道冗余系统，双通道的模拟量、开关量输入信号及调节通道的硬件配置是完全独立的，结构一致。双通道采取主、从方式运行，如果一个通道故障，自动切至备用通道；无论哪一通道均可作为主通道，备用通道自动跟踪主用通道。当主通道故障时，备用（从）通道可无扰动地切换为主机。

调相机采用的励磁调节器主要有南瑞科技 NES－6100 型励磁调节器和南瑞继保 PCS－9410 型励磁调节器。

二、励磁变及启动励磁变

励磁变压器是将机端电压降低，为调相机励磁系统提供三相交流励磁电源的设备。而调相机的启动励磁变则是将站用电启动电源电压降低，用作启动励磁系统的交流电源。调相机励磁变及启动励磁变具有如下技术性能：

（1）励磁变压器有静电屏蔽措施及必要的监视和保护装置。能适应带整流负荷的要求，并能承受出口三相短路和不对称短路而不产生有害变形。

（2）励磁变压器充分考虑整流负载电流分量中高次谐波所产生的热量，使励磁变压器温升在允许范围内。励磁变压器容量满足强励及调相机各种运行工况的要求，保证连续运行不超温。

（3）励磁变采用专用整流变，室内三相干式，铜绕组，绝缘等级为 F 级，温升按 B 级考核。励磁变需配风扇，在 −10～+40℃环境温度下，风扇不开且长期额定工况运行时，最大温升不超过 80K。励磁变高压侧绝缘耐压水平按调相机额定电压等级考虑。

三、整流装置

励磁系统整流装置是对励磁变二次侧的三相交流电进行整流，为调相机转子绕组提供直流励磁电流的装置。其基本组成元件为晶闸管（可控硅元件），励磁系统的基本控制都是由调节器通过控制整流桥的脉冲触发角来实现的。

晶闸管的导通，必须同时具备以下两个条件：正向阳极状态；控制极加触发脉冲。而其具备以下任意条件即可关断：主回路断开；晶闸管两端处于反向电压时；流过晶闸管的电流下降到小于维持电流。对于调相机采用的自并励励磁方式，一般采用三相桥式全控整流电路，即六个整流元件全部采用晶闸管，如图 2−1−4 所示。

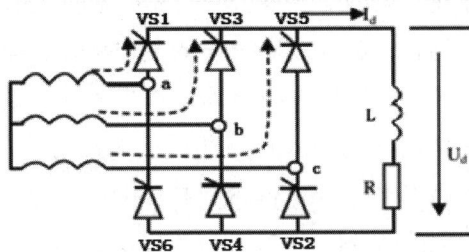

图 2−1−4　三相桥式全控整流电路

图中，VS1、VS3、VS5 为共阴极连接，VS2、VS4、VS6 为共阳极连接，上下桥臂晶闸管必须各有一只晶闸管同时导通时，电路才能工作。六只晶闸管的导通顺序为 1～6 依次导通，触发脉冲相位依次相差 60°。对于不同触发角 α 对应输出电压波形如图 2−1−5 所示：

当触发角 $\alpha=0°$ 时，各晶闸管的触发脉冲在它们对应自然换向点时刻发出，如图 2−1−5（a）所示，输出电压波形与不可控桥的一样，各元件每周导通持续 120°。

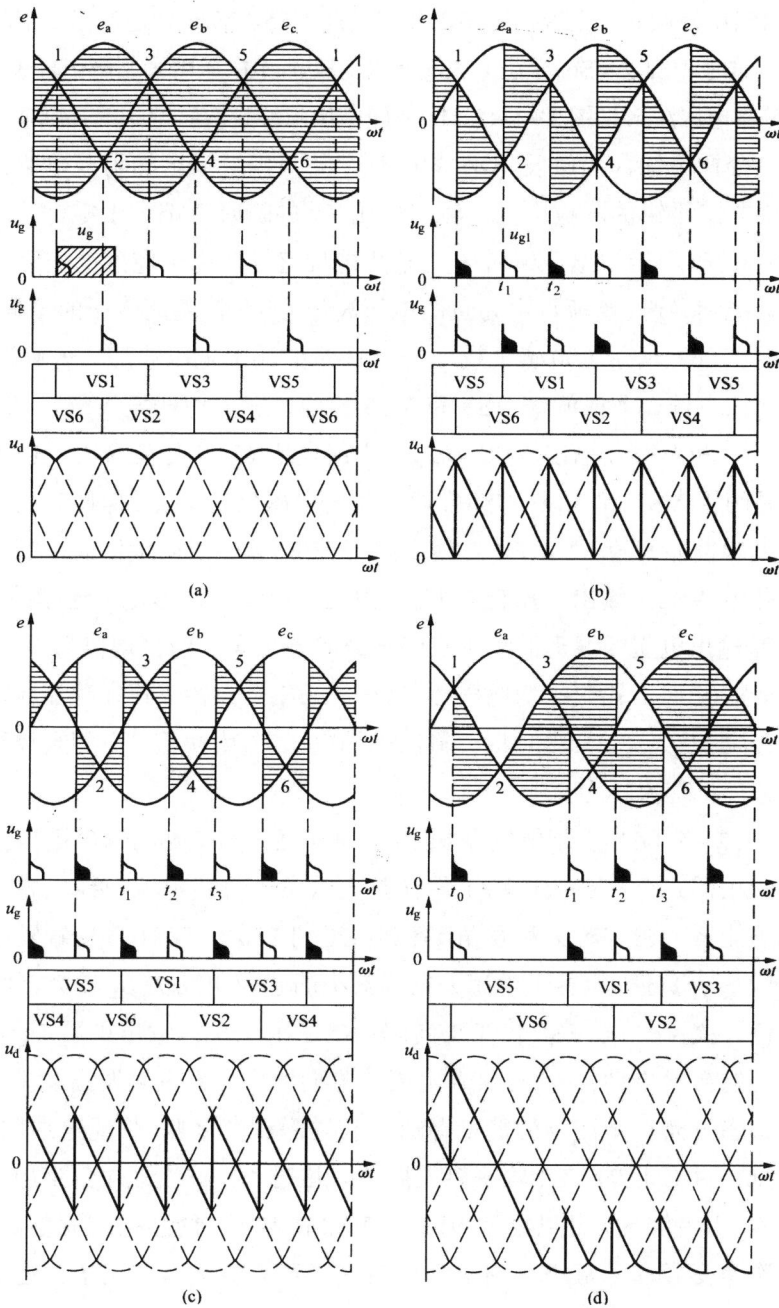

图 2-1-5 不同触发角对应三相桥式全控整流电路输出波形

（a）$\alpha=0°$；（b）$\alpha=60°$；（c）$\alpha=90°$；（d）α 由 $60°$ 转为 $150°$

$\alpha = 60°$ 时，输出电压波形见图 2-1-5（b），各相正、负侧晶闸管的触发脉冲滞后于自然换相点 60° 出现，例如在 2 点之前 VS5、VS6 导通，在 2 点时刻 u_g 触发 VS1，这时 VS1、VS6 导通，VS5 关断。交流相电压中画阴影部分表示导通面积，其输出电压波形见图 2-1-5（b）（图中黑脉冲是双脉冲中的补脉冲）。

综上分析可知，当触发角 $\alpha < 60°$ 时，共阴极组输出的阴极电位在每一瞬间都高于共阳极组的阳极电位，输出电压 U_d 的瞬时值都大于零，波形是连续的。$\alpha > 60°$ 时，当线电压瞬时值为零并转负值时，由于电感的作用，导通着的晶闸管继续导通，整流输出为负的电压波形，从而使整流电压的平均值降低。图 1-2-5（c）所示为电感负载、$\alpha = 90°$ 时的输出电压波形。现假设在 t_1 之前电路已在工作、即晶闸管 VS5 和 VS6 导通，在 t_1 时触发 VS1、VS6，导电元件为 VS1 和 VS6，输出电压为 U_{ab}。当线电压 U_{ab} 由零变负时，由于大电感存在，晶闸管 VS1 和 VS6 继续导通，输出电压仍是 U_{ab}，但此时为负值，直到 t_2 时刻触发晶闸管 VS2，才迫使晶闸管 VS6 承受反向电压而关断，导电元件为 VS1 和 VS2，输出电压转为 U_{ac}。由图可以看出，当电流连续的情况下，$\alpha = 90°$ 时输出电压的波形面积正负两部分相等，电压的平均值为零。

在 $\alpha < 90°$ 时，输出平均电压 U_d 为正，三相全控桥工作在整流状态，将交流转为直流。$90° < \alpha \leqslant 180°$ 时，输出平均电压 U_d 为负值，三相全控桥工作在逆变状态，将直流转为交流。

图 1-2-5（d）表示触发角 α 由 60° 扩转至 150° 时的输出电压波形图。设原来三相桥式全控整流电路工作在整流状态，负载电流流经电感而储有一定的磁场能量。在 t_1 时刻触发角 α 突然后退到 150°，VS1 接受触发脉冲而导通，这时 U_{ab} 为负值，但由于电感 L 电流减小的感应电动势 U_L 较大，使 $U_L - U_{ba}$ 仍为正值，故 VS1 与 VS6 仍在正向阳极电压下工作并输出电压 U_{ab}。这时电感线圈上的自感电动势 u_L 与负载电流的方向一致，直流侧发出功率，将原来在整流状态下储存于磁场的能量释放出来送回到交流侧，将能量送回交流侧。在 t_2 时刻，对 C 相的 VS2 输入触发脉冲，这时 U_{ac} 虽然进入负半周，但电感电动势 U_L 仍足够大，可以维持 VS1 与 VS2 的导通，继续向交流侧反馈能量，这样依次逆变导通一直进行到电感线圈内储存的能量释放完毕，逆变过程才结束。

四、灭磁装置

灭磁装置的作用是把转子励磁绕组中的磁场储能快速消耗。由于励磁绕组具有很大的电感，突然断开会在其两端产生很高的过电压。因此，在断开励磁电源的同时，还需将转子励磁绕组自动接入到放电电阻或其他吸能装置上去，把磁场中储存的能量迅速消耗掉。调相机灭磁装置应具备如下技术性能：

（1）励磁回路应装设性能良好、动作可靠的自动灭磁装置。试验维护简单，对调相机任何负载均能可靠灭磁，强励状态下灭磁时调相机转子过电压值不超过 4～6 倍额定励磁电压值。配备直流断路器、灭磁装置（含灭磁电阻）。灭磁时，跨接器通过触发并接的双向可控硅导通将过电压抑制电阻并联接入调相机转子线圈。

（2）灭磁开关应采用高性能进口直流灭磁开关，灭弧容量足够，具有较高弧压水平，能确保向调相机在各种工况下进行灭磁时，不会造成调相机、灭磁装置、灭磁开关等设备损坏。灭弧性能良好，其性能应符合国家和电力行业的最新标准，能与调相机组性能和励磁系统其他设备良好匹配。灭磁开关采用双跳闸线圈，辅助触头不少于 6 常开 6 常闭。灭磁电阻可采用线性或非线性电阻。灭磁电阻分散性不大于 ±10%。应保证在空载误强励时转子绕组无损坏，灭磁电阻能正常运行。

目前在运站主励磁灭磁开关一般采用 GERapid4207，额定电流 4200A，额定电压 2000V，最大电弧电压 4000V，最大分断电流 100kA。

第三节　励磁系统控制策略

一、励磁系统控制策略

励磁系统控制策略主要为电压闭环控制、电流闭环控制、恒无功或恒功率因数调节。

电压闭环控制方式是励磁调节器运行的主要方式，又称为自动方式。这种控制方式以调相机的机端电压作为调节变量，目的是维持机端电压与电压参考值一致。在机组空载时体现为机端电压变化，在并网时体现为无功功率和机端电压变化。励磁调节器测量调相机机端电压，并与给定值进行比较，当机端电压高于给定值时，增大晶闸管的触发角，减小励磁电流，使机端电压回到设定值。当机端电压低于给定值时，减小晶闸管的触发角，增大励磁电流，维持机端电压为设定值。电压闭环控制一般采用并联 PID 模型或串联 PID 模型（如图 2-1-6 所示）。

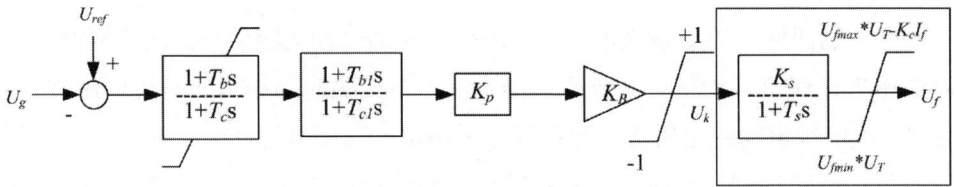

图 2-1-6　电压闭环并联 PID 模型

电流闭环控制是励磁系统运行的辅助方式，在调相机启动过程、励磁试验时或电压环故障（测量 PT 断线或机端电压异常）时使用，又称手动方式。这种控制方式以机组励磁电流（转子电流）作为调节变量，目的是维持机组励磁电流与电流参考值一致。励磁电流参考值可由增磁命令（远方或就地）和减磁命令（远方或就地）进行调整。电流闭环控制一般采用并联 PI 模型（如图 2-1-7 所示）。

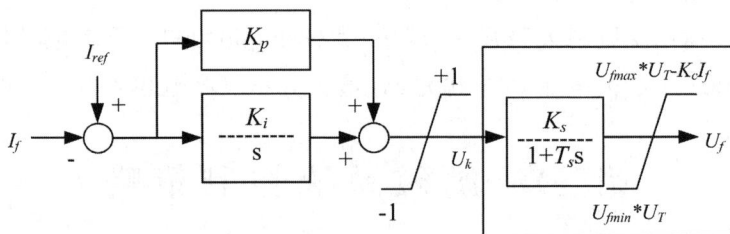

图 2-1-7　电流闭环并联 PI 模型

恒无功调节（如图 2-1-8 所示）或恒功率因数调节（如图 2-1-9 所示）为附加控制方式，调节稳态时的机组无功或功率因数，达到稳态调节机组无功和系统电压的目的。这种控制方式采用双环调节，外环是无功/功率因数环，内环是电压环，保证稳态时的机组无功输出和暂态时的电压维持水平。

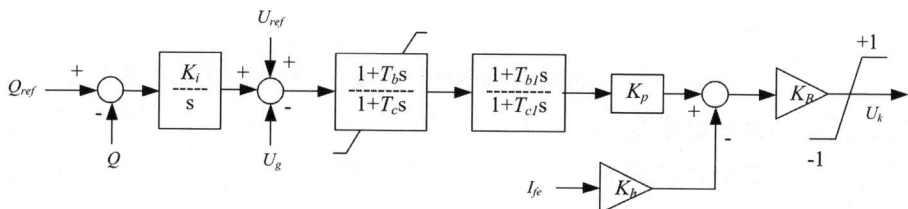

图 2-1-8　恒无功调节

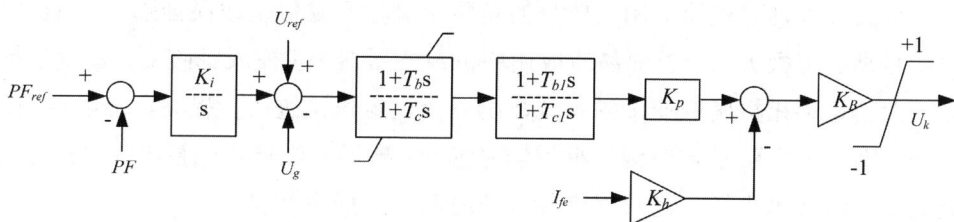

图 2-1-9　恒功率因数调节

调相机的启动励磁调节器控制策略较为简单，仅采用电流闭环控制方式，即并联 PI 模型。而主励磁调节器（如图 2-1-10 所示）稳态时由高压母线电压和无功实现稳态控制；暂态由电压闭环进行快速强励或强减。

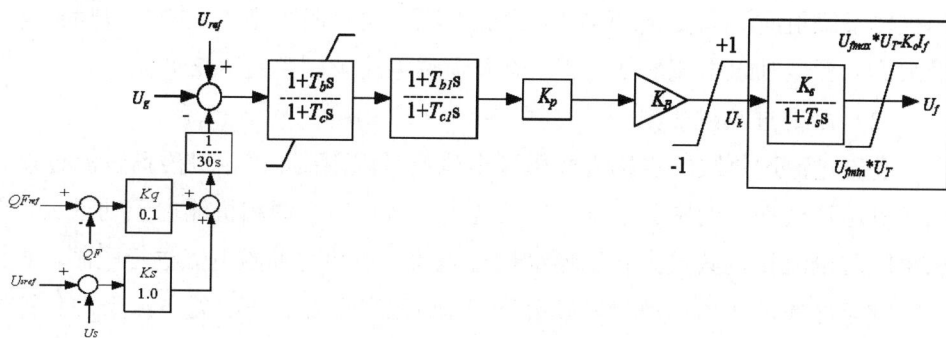

图 2-1-10　调相机主励磁控制策略

二、励磁系统限制功能

励磁系统限制主要包括过励限制、低励限制、伏赫兹限制。

1. 过励限制

过励限制主要分为最大励磁电流限制、励磁过流过热限制、滞相定子过流限制、无功功率过励限制。

（1）最大励磁电流限制

最大励磁电流限制分为两种：一种是空载最大励磁电流限制，主要防止调相机过电压；另一种是负载最大励磁电流限制，主要防止励磁绕组过电流。

空载最大励磁电流限制主要目的是防止调相机发生空载误强励。调相机空载误强励危害极大，一方面易造成调相机及变压器（主变或励磁变）过电压损坏，尤其是调相机励磁变励磁系统，励磁变过电压又进一步提高误强励倍数；另一方面空载误强励致使调相机磁场深饱和，磁场绕组储存能量极大，容易造成灭磁系统故障损坏，延长误强励持续时间，造成事故扩大。

负载最大励磁电流限制主要目的是防止调相机转子侧发生短路故障引起强励电流。调相机运行过程中，励磁功率柜直流侧发生故障或磁场绕组发生匝间短路，调相机励磁电流迅速上升，如果不对该电流进行有效抑制，故障点会进一步扩大，发展为电弧短路，将对调相机造成更大危害，同时故障电流也会损坏励磁系统的设备。

《快速动态响应同步调相机技术规范》（Q/GDW 11588—2016）要求："调相机转子绕组应能承受 2.5 倍额定励磁电流持续时间不小于 15s"。即励磁电流最大值为额定励磁电流的 2.5 倍，最大励磁电流限制整定为 250%。

（2）励磁过流过热限制

励磁过流过热限制也称为励磁过电流反时限限制。调相机磁场过流过热是调相机运行过程中的常见工况，当系统电压较低时，调相机输出无功过大，调相机励磁电流超过其最大长期连续运行电流，必须对励磁电流进行限制，防止长时过流导致过热损坏调相机励磁绕组。励磁绕组发热与励磁电流平方和持续时间的乘积成正比关系，即磁场电流及其允许运行时间成反时曲线。计算公式为：$(I_f^2 - 1)t = C_{fl}$。式中，I_f 为励磁电流（标幺值），t 为该 I_f 对应的最大持续时间，C_{fl} 为对应的热容量常数。

由于标准要求励磁系统在 1.1 倍额定励磁电流下能够长期运行，限制启动值设为 110%。

励磁过流过热限制与励磁反时限过流保护协调配合，确保限制先于保护动作，避免不必要的跳机。二者计算公式相同，但热容量系数的取值不同，一般取保护热容量系数的 0.9。

（3）滞相定子过流限制

调相机滞相运行时，过励磁时用于防止定子电流超过正常允许范围。滞相定子过电流限制与励磁过流过热限制一样，也是一种典型的过流过热限制，随调相机定子电流增加，动作时间反时限减少。计算公式为：$(I_g^2-1)t=C_{gL}$。式中，I_g 为定子电流（标幺值），t 为该 I_g 对应的最大持续时间，C_{gL} 为对应的热容量常数。

滞相定子过流限制与定子反时限过负荷保护协调配合，确保限制先于保护动作，避免不必要的跳机。二者计算公式相同，但热容量系数的取值不同，一般取保护热容量系数的 0.9。

（4）无功功率过励限制

无功功率过励限制限制调相机无功功率不超过允许值。此功能与滞相定子过流限制功能类似，但可能对调相机强励能力造成一定限制，且不易与调变组保护中定子过负荷反时限保护进行配合，因此不投入。

2. 低励限制

常规机组低励限制主要包括无功功率低励限制、最小励磁电流限制、进相定子电流限制。其中，调相机应投入无功功率低励限制。

无功功率低励限制用于限制调相机无功功率不低于最低允许值。无功功率低励限制与失磁保护（Ⅱ段）协调配合，确保限制先于保护动作，避免不必要的跳机。

3. 伏赫兹限制

调相机运行时，机端电压与频率的比值有一个安全工作范围，当伏赫兹比值超过安全范围时，容易导致调相机及主变过激磁和过热现象，因此当伏赫兹比值超出安全范围时，必须限制调相机端电压幅值，维持伏赫兹比值在安全范围内，此项功能称为伏赫兹限制。

伏赫兹限制应于调相机及主变过励磁（过激磁）保护协调配合，确保限制先于保护动作，避免不必要的跳机。

第二章 技 能 实 践

第一节 励磁系统的运行维护

一、一般规定

（1）励磁系统投入前,应确保系统的维护工作已完成、检查装置内无异物、临时接线已拆除且无报警和故障信息。

（2）正常运行时,励磁系统不应带电插拔装置板卡。

（3）正常运行时,励磁电压和励磁电流不超过其额定励磁电压和励磁电流的 1.1 倍。

（4）运行中禁止擅自改动励磁系统定值。

（5）检修或异常重启后,应检查定值没有因上电初始化等原因而发生变动。

（6）在进行运行操作及调整时,运行人员仅在控制室执行遥控操作或调整。检修人员可通过安装在励磁系统现场的就地控制面板进行调试、试验。

（7）调相机正常运行时,应对励磁系统的整流柜、交流进线柜、灭磁开关柜、调节器柜、直流出线柜等开展巡检。

（8）励磁调节器调节方式分为电压闭环调节、复合无功闭环调节、电流闭环调节和恒角度调节。

（9）调相机正常运行时应使用电压闭环调节或复合无功闭环调节方式;在进行励磁试验或电压环故障（TV 断线）时使用电流闭环调节方式;恒角度调节方式仅作为现场试验时使用。

（10）励磁调节器每个通道均有自动和手动两种方式。励磁系统应在自动方式下运行，手动方式是辅助运行方式，不允许长时间投入运行。自动通道发生故障时应及时修复并投入运行。

（11）正常运行时，应定期检查自动励磁调节器各通道的工作状态指示是否与实际情况相符。

（12）任意一台整流柜退出运行，不影响调相机正常运行；两台整流柜退出运行，应闭锁强励；三台整流柜退出运行，励磁系统应停止工作，自动触发调变组保护故障跳闸。

（13）晶闸管整流装置应定期检查并监视整流柜风机的运行情况。

二、巡视检查

运行期间应当进行下述的定期检查：

1. 在人机界面（远方或就地）

（1）运行限制器动作情况。

（2）主通道励磁调节装置参考值没有达到限制值。

（3）从通道励磁调节装置跟踪正常。

（4）调相机电压、无功功率及励磁电流运行稳定。

（5）工控机画面显示正常，无故障或报警。

（6）励磁调节器运行指示灯显示正常。

2. 整流柜

（1）无故障或报警动作。

（2）无异常的响声，无异味。

（3）80%额定负荷情况下，三台整流柜输出电流满足均流系数要求。

（4）整流柜温度显示不大于80℃。

（5）转子接地保护装置显示正常。

（6）风扇运行正常，无异响。

3. 其他

（1）各导电铜排、刀闸无振动、过热现象。

（2）空调运行正常，环境温度不高于40℃。

（3）空调出风口不应在屏柜正上方，且应关注运行时母排无凝露情况。

（4）轮停机组，在停运期间应重点关注灭磁装置柜无凝露积水情况。

三、日常维护

（1）应周期性对励磁调节器进行全面的检查，以保证励磁系统的运行可靠性。

（2）应检查是否存在由于空气流通形成的积尘或碳粉，是否存在由于振动引起的端子螺丝松动，也要注意绝缘表面是否清洁，以防绝缘污损引起设备损坏或误动作。

（3）应定期检查屏柜滤网无积灰堵塞，风道通畅。

第二节 励 磁 系 统 检 修

励磁系统检修内容包含励磁调节器、启动励磁调节器、整流功率单元、交流进线柜、过电压抑制及灭磁单元、主励磁变压器及启动励磁变压器等。

励磁系统检修项目及其质量要求，按照调相机 A 级检修或 C 级检修执行，具体参见 Q/GDW 11937《快速动态响应同步调相机组检修规范》附录详表 B1、B2 的规定。其主要 A 级检修项目如下，C 级检修项目按照标准进行选择开展。

一、励磁调节器检修

励磁调节器作为励磁系统中多功能集成化屏柜，其中包含了测量部分、控制部分等。作为励磁系统的"中枢"，检修期间均需对励磁调节器进行检修工作。

励磁调节器的 A 级检修项目主要包括：

（1）清扫、外观检查、电缆封堵、接地检查。箱体无积尘，通风良好，电缆封堵良好，接地良好。

（2）电气一、二次连接螺母和接线端子的检查、紧固。连接件无松动，表面无氧化、过热现象。

（3）励磁系统不同带电回路之间、各带电回路与金属支架底板之间绝缘电阻的测定。

（4）装置稳压电源单元检查。

测量输出纹波电压峰值，输出电压纹波系数应小于 2%，输出电压与额定电压的偏差值应小于 5%。

（5）励磁系统所属继电器的检查、校验。

继电器、接触器的动作电压满足 55%～70%范围要求，继电器接点电阻小于 1Ω，继电器回装无误。

（6）电测仪表校验（如有）。

电测表计校验误差在允许范围内。

（7）变送器校验（如有）。

变送器、绝缘电阻、输出值线性度及误差等满足设备技术文件要求。

（8）模拟量、开关量单元检查。

通入标准电压电流值，电压测量精度在 0.5%以内，电流测量精度在 0.5%以内，有功功率、无功功率计算精度在 2.5%以内，开关量输入、输出正确。

（9）整定值核对。

整定值与定值单一致。

（10）电源切换试验。

电源切换试验结果正常。

（11）励磁系统操作回路传动试验及信号检查。

传动试验动作正确。

二、励磁整流柜检修

调相机励磁整流柜由 3 面运行整流柜和 2 面启动整流柜组成。整流柜内由晶闸管主元件及其散热器、整流桥保护设备、整流桥冷却设备、交直流刀闸及其附件组成。检修期间，应根据整流柜构造进行逐项检修。

励磁整流柜的 A 级检修项目主要包括：

（1）清扫、外观检查、电缆封堵检查。

箱体无积尘，通风良好，电缆封堵良好。

（2）电气一、二次连接螺母和接线端子的检查、紧固。

连接件无松动，表面无氧化、过热现象。

（3）励磁系统不同带电回路之间、各带电回路与金属支架底板之间绝缘电阻的测定。

（4）风机、滤网清扫检查。

风机、滤网清洁无异常，风机叶片无损坏，电机绝缘良好，运行正常无异音，风机润滑脂正常。

（5）熔断器、信号指示器检查。

熔断器外观完好、信号指示正确。

（6）电测仪表校验。

电测表计校验误差在允许范围内。

（7）变送器校验。

变送器、绝缘电阻、输出值线性度及误差等满足设备技术文件要求。

（8）冷却风机切换，对于单相电机应进行启动电容检测。

模拟运行风机故障，备用风机应启动；切断风机工作电源，应能切换到备用电源工作。单相电容在标称值范围内。

（9）晶闸管及连接回路检查。

晶闸管及连接回路正常。

（10）柜内元器件校验。

柜内电阻、电容元器件满足设备技术文件要求，无过热灼伤痕迹。

（11）功率柜交、直流侧隔离开关检查。

功率柜交、直流侧隔离开关操作正常，转动部位灵活可靠，无锈蚀。分合可靠，接触电阻符合要求。

（12）非线性电阻试验（必要时）。

参考 DL/T 294.2 开展非线性电阻试验，测试 U_{10mA} 的压敏电压，与初始值比较偏差不得大于 10%。

三、交流进线柜

励磁交流进线柜的 A 级检修项目主要包括：

（1）励磁系统不同带电回路之间、各带电回路与金属支架底板之间绝缘电阻的测定。

（2）清扫、外观检查、电缆封堵检查。

箱体无积尘，通风良好，电缆封堵良好。

（3）电气一、二次连接螺母和接线端子的检查、紧固。

连接件无松动，表面无氧化、过热现象。

（4）同步变压器预防性试验。

四、过电压抑制及灭磁单元

过电压抑制及灭磁单元是完成调相机灭磁过程所有相关设备的总和，包括磁场断路器、灭磁电阻、跨接器和灭磁控制逻辑及信号回路。其中磁场断路器又称为灭磁开关，装设于灭磁开关柜中；灭磁电阻、跨接器等装设于灭磁电阻柜中。

过电压抑制及灭磁单元的 A 级检修项目主要包括：

（1）励磁系统不同带电回路之间、各带电回路与金属支架底板之间绝缘电阻的测定。

（2）清扫、外观检查、电缆封堵检查。

箱体无积尘，通风良好，电缆封堵良好。

（3）电气一、二次连接螺母和接线端子的检查、紧固。

连接件无松动，表面无氧化、过热现象。

（4）电测仪表校验。

电测表计校验误差在允许范围内。

（5）变送器校验。

变送器参数、绝缘电阻、输出值线性度及误差满足设备技术文件要求。

（6）断路器导电回路电阻。

与初值差不大于 20%（注意值）。

（7）柜内元器件校验。

柜内电阻元器件满足设备技术文件要求，无过热灼伤痕迹。

（8）灭磁断路器性能试验。

（9）非线性电阻试验（必要时）。

开展非线性电阻试验，测试 $U_{10\text{mA}}$ 的压敏电压，与初始值比较偏差不得大于 10%。

（10）直流母排预防性试验。

五、励磁变压器检修

调相机励磁系统里涉及的变压器有提供运行励磁电源的励磁变压器、启动励磁变压器和提供励磁调节器采样功能的同步变压器。励磁系统相关的变压器均为干式变压器，同步变压器和启动励磁变压器一般装设于励磁室内的屏柜中，励磁变压器一般单独装设于调相机平台上。在年度检修中应对其进行例行检修确保设备投运正常。

励磁变压器的 A 级检修项目工作应包括：

（1）励磁变压器试验。

（2）电气一、二次连接螺母和接线端子的检查、紧固。

连接件无松动，表面无氧化、过热现象。

（3）接地检查。

铁心接地标识正确，接地线紧固，接地电阻符合要求。

（4）励磁变压器温度保护核查。

确认报警信号正确，温度保护启动风机正常。

第三节　励磁系统试验

一、静态试验

（一）概述

励磁系统静态试验主要指在调相机机组停机的状态下，且励磁系统的灭磁开关在分闸位置的情况下开展的励磁系统相关检查试验。主要包括励磁系统各部件绝缘检查，操作、保护、限制及信号回路动作试验，自动电压调节器各单元特性检查等。

静态试验是励磁调节器具备带电条件，但励磁主回路未带电时进行的试验，主要目的是检查调节器的各项基本功能是否完好。

静态试验的主要项目是外观检查、主回路绝缘检查、工作电源检查、变送器检查、控制回路检查、保护功能检查、外回路检查和小电流试验等。

试验工作开始前，应做如下准备：制定试验作业指导书；配置试验人员，对试验过程中存在的主要危险点进行分析，并制定相关的对应措施;准备好检修中所需的图纸资料、工器具以及备品备件等。

试验工作完成后，应及时整理原始资料，形成试验报告。试验中若对励磁系统一、二次回路有所改动，则应及时修订相应的图纸、资料，向运行人员交代变动情况。

（二）试验项目及内容

1. 绝缘电阻测试

在 A、C 修中均需对励磁系统的设备和回路进行绝缘电阻测试。试验对象为：励磁断路器、交直流断路器、交直流母线、励磁变压器低压侧电缆、启动励磁变压器高低压侧电缆、保护跳闸回路等。

（1）试验内容

对励磁设备或回路进行绝缘电阻测试时，首先应清洁设备，断开不相关的回路，区分不同电压等级分别进行，做好安全措施。非被试回路及设备应可靠短接并接地，被试电力电子元件、电容器的各电极在试验前应短接。

根据测试设备工作电压选择符合测试电压要求的绝缘电阻表进行测试：

1）100～500V 的电气设备或回路，可选用 500V 绝缘电阻表；

2）500～3000V 的电气设备或回路，可选用 1000V 绝缘电阻表。

（2）试验标准

评判标准：与调相机绕组连接(直接或间接)的设备及回路电气回路的绝缘电阻值不小于 1MΩ。

2. 励磁调节器模拟量检测试验

（1）试验内容

1）检测三相交流信号波形（相位、幅值）及有效值；

2）电压有效值调整范围为 0%～150%额定值，电流有效值调整有效值 0%～200%额定值；

3）设置若干测试点，测试点不少于 3 个，其中要求有 0 和最大值两点，在设计的额定值附近测试点可以密集点，不要求测试点等间距；

4）模拟量测试通道依据现场实际。

（2）试验标准

1）调相机机端电压相位误差不得大于 1°，误差绝对误差小于 0.5%；

2）调相机机端电流测量精度在 0.5% 以内，有功功率、无功功率测量精度在 1% 以内；

3）频率测量为 47.5～51.5Hz，频率测量精度为 0.1Hz；

4）励磁电流误差应在 0.5% 以内。

3. 励磁调节器开关量检测试验

（1）试验内容

1）核对开入信号时，现场人员在远方模拟节点闭合或在屏后短接，则装置开入测量中相应开关量变为 1，模拟节点断开，则装置开入测量中相应开关量变为 0；

2）核对开出信号时，可利用装置的出口传动功能进行相应传动，当传动某节点时，远方相应的开关量变为 1 或光子排亮，当复归该节点时，远方开关量变为 0 或光子排灭；

3）开关量测试通道应依据现场实际。

（2）试验标准

开入、开出信号应一一对应。在核对开入信号时，不同地方并接过来的信号（如从 DCS 和同期屏来的远方增磁信号、远方减磁信号）需要分别核对。

此外，励磁系统试验还包括励磁调节器功能测试、无功功率过励磁限制试验、最大励磁电流限制试验、V/Hz 过激磁限制试验、TV 断线功能试验等试验项目。

二、励磁系统带电试验

励磁系统带电试验，是对调相机系统主设备、二次控制回路及自动装置、测量仪表等设备的全面考验，对于调相机检修后能否安全可靠地投入运行具有重要意义。本节内容能够指导和规范励磁系统带电试验工作，以便有序检查设备运行情况，检验励磁系统的完整性和可靠性，及时发现并消除可能存在的缺陷，保证设备能够正常投入运行。

根据 Q/GDW 11937《快速动态响应同步调相机组检修规范》规定:调相机每隔 5～8 年进行一次 A 类检修，在无 A、B 类检修的年份，机组每年安排 1 次 C 类检修。励磁系统带电试验项目如表 2-2-1 所示。

表 2-2-1　　　　　　　　　　　整套启动试验项目及周期

试验项目	检修分类	
	A 修	C 修
1）核相与相序检查	●	
2）灭磁试验及转子过电压保护试验	●	
3）自动电压调节通道切换及自动/手动控制方式切换（空载状态）	●	●
4）空载阶跃响应试验	●	
5）电流互感器极性检查（负载状态）	●	●
6）自动电压调节通道切换及自动/手动控制方式切换（负载状态）	●	●
7）无功电流补偿极性试验	●	
8）欠励、过励限制试验（负载状态）	●	
9）功率整流装置均流检查（负载状态）	条件允许时开展	条件允许时开展

第四节　励磁系统典型案例分析

一、调相机励磁整流柜故障

（一）故障描述

2020 年，某站 2 号调相机正常运行时，调变组保护 A、B 屏励磁变过流动作，2 号调相机跳机，现场检查发现励磁系统 3 号整流柜损坏，如图 2-2-1 所示，柜内三相母排熔断。

（二）原因分析

（1）3 号整流柜 -B 相晶闸管被击穿。经现场检查并通过试验室故障模拟分析，发现励磁系统六桥臂触发脉冲信号回路存在异常，如图 2-2-2 所示，晶闸管长期运行在非正常工况，漏电流逐渐增大，耐压能力下降，最终导致损坏。

（2）-B 相晶闸管被击穿后，-C 相正常触发导通，形成晶闸管侧 BC 相间短路，产生大电流，并迅速形成三相短路。

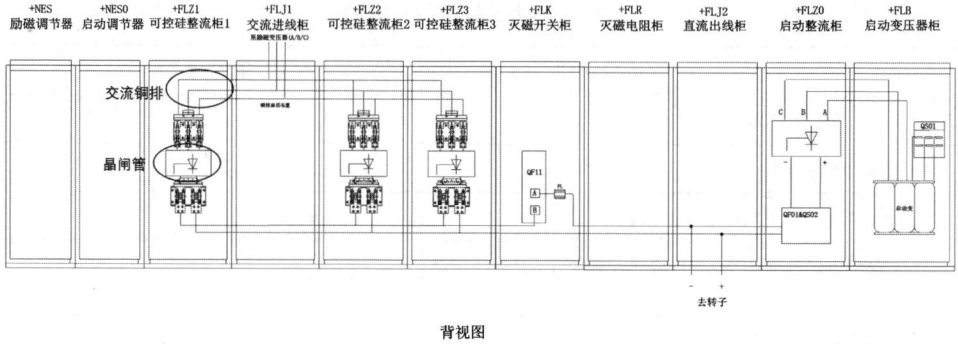

图 2-2-1　整流柜损坏部位

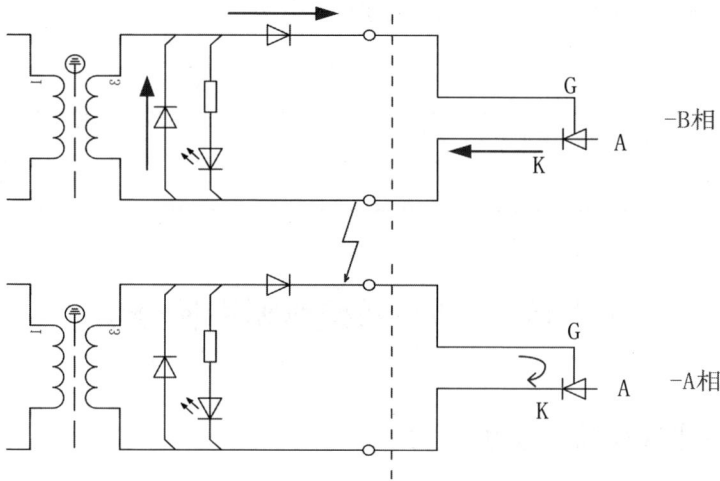

图 2-2-2　脉冲回路异常

（3）快速熔断器的热熔值与晶闸管热容量参数不匹配，未能及时熔断保护晶闸管。

（4）快速熔断器通过大电流后，局部破裂释放导电物质，导致屏柜内部绝缘水平下降。

（5）屏柜内母排穿越屏柜处因空气间隙较小，形成相间放电，引起燃爆。

（6）励磁功率柜未考虑短路故障未切除导致爆炸的机理，未采取防爆泄压措施。

（7）后备过流保护正确动作，跳开机组并网开关，但励磁系统为自并励接线方式且励磁变低压侧未配置独立开关，调相机脱网后，机端电压缓慢下降，短路电流长时间存在，导致励磁系统 3 号整流柜损坏。

（三）处理措施

（1）加强基于优选参数的晶闸管筛选测试。

（2）提高脉冲触发回路抗干扰能力。

（3）补充快速熔断器型式试验，确保快速熔断器实测热熔值与晶闸管热破坏能力相匹配。

（4）加强主通流回路绝缘防护措施，增加铜排绝缘护套，加装散热器固定螺栓绝缘封帽。

（5）优化励磁变过流保护动作延时。

（6）加强屏柜防爆措施，完善励磁小室消防系统。

二、调相机励磁风机故障

（一）故障描述

2019 年，某站 2 号调相机励磁系统发出风机故障、整流柜退出、励磁系统故障信号，调变组保护动作跳机。

（二）原因分析

（1）风机从机端选取电源，未考虑调相机进相时，机端电压降低的影响。

（2）柜内风机电源切换继电器低电压动作阈值和切换延迟时间定值设置不合理使得切换频繁，继电器易卡死。

（3）3 套整流柜共用一个风机电源切换回路，存在单一元件故障导致风机全停引发励磁系统故障跳机的风险。经排查南瑞继保、南瑞科技励磁系统风机电源情况，虽然在回路设计、功能实现上有略微差异，但均不存在上述问题。

（三）处理措施

（1）将风机电源改为取自 380V 站用电，风机两路电源分别接入站用电 A、B 段。

（2）通过试验优化切换继电器定值，并对励磁系统厂家内部定值、控制字等参数开展梳理排查工作，与厂家讨论确认其正确性。

（3）各整流柜独立配置风机电源切换装置，实现故障时自动切换。

（4）规范调相机励磁系统风机电源配置、设计原则。

第三篇

静止变频器（SFC）

第一章 理 论 知 识

第一节 SFC 概 述

静止变频器（SFC）是一种能提供频率及电压同时变化的电力电子电源装置，将调相机从静止状态平稳地拖动至目标转速。它是由半导体功率元件、直流电抗器等设备组成的具有一定功率的非旋转电机式频率变换器，是利用可控硅的通断作用将工频电源变换为可变频率的电能控制装置。

静止变频器（SFC）是一对在直流侧通过平波电抗器等元件直接连接在一起的三相全控晶闸管换流桥，其中一个桥工作在整流桥状态，另一个桥工作在逆变桥状态。电能的流向是从整流桥的一侧流向逆变桥的一侧，实现了连接于整流桥和逆变桥交流侧的不同频率的交流系统之间，或三相交流系统与有源（无源）负载之间的电能交换。从原理上看，SFC 都是可逆的，改变换流桥的触发角度，转换换流桥的工作状态（整流桥状态、逆变桥状态）就可使电能的流向反转。

根据需要，整流桥与逆变桥均可分别设计成 6 脉动、12 脉动或更多脉动的形式。SFC 实际上就是一个微型的"背靠背"直流输电系统。调相机 SFC 整流部分采用两个三相 6 脉动整流桥串联而成的 12 脉动整流桥，逆变部分采用三相 6 脉动逆变桥，调相机 SFC 接线见图 3-1-1。

第二节 SFC 的 结 构

下面以整流桥、逆变桥均为单个 6 脉动三相全控晶闸管换流桥的情况为例说明静止变频器（SFC）的基本结构。如图 3-1-2 所示，同步电机 SM 相当于调相机。

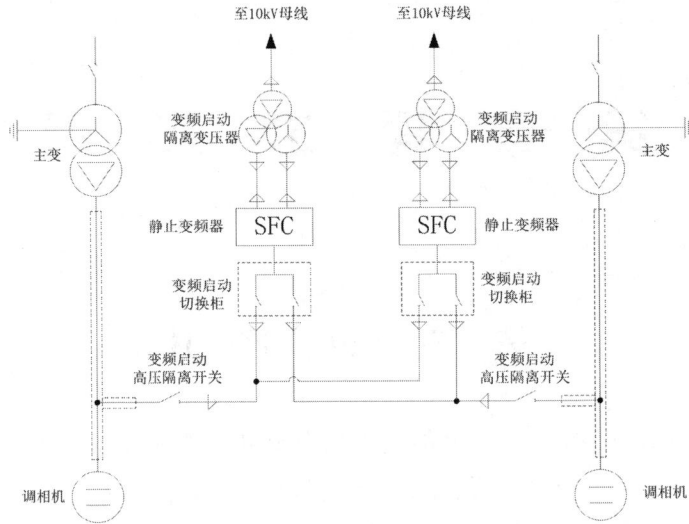

图 3-1-1 调相机 SFC 系统图

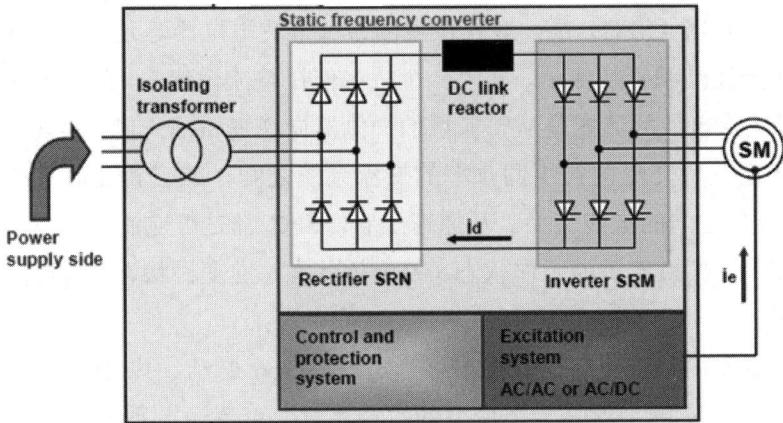

图 3-1-2 静止变频器（SFC）的结构

Static frequency converter：静止变频器（SFC）

Isolating transformer：隔离变压器

DC link reactor：直流电抗器

Rectifier SRN：整流器 SRN

Inverter SRM：逆变器 SRM

Control and protection system：控制、保护系统

Excitation system：同步电机励磁系统

Power supply side：电源侧

SM：同步电机

图 3-1-3 所示的形式为目前调相机系统所配置的 12-6 脉动的 SFC。

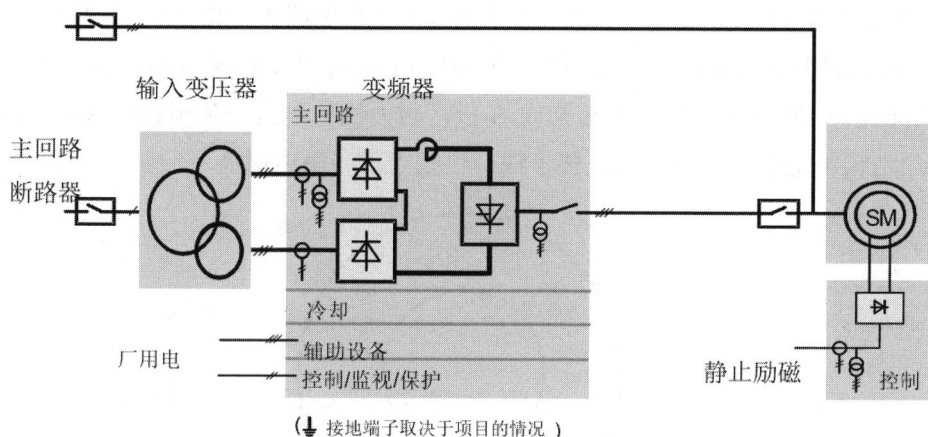

（⏚ 接地端子取决于项目的情况 ）

图 3-1-3　调相机 SFC

第三节　SFC 升速基本原理

图 3-1-4，描述了静止变频器 SFC 将调相机从静止启动升速至额定转速的全过程。

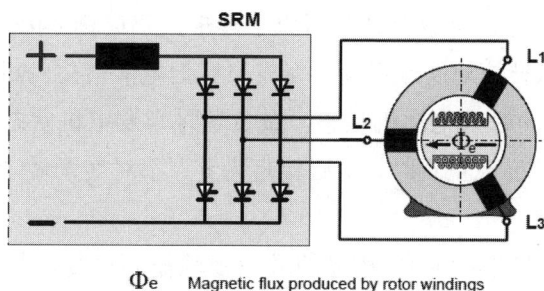

Φe　Magnetic flux produced by rotor windings

SRM：逆变桥　Φe：Magnetic flux produced by rotor winding　转子绕组产生的磁通

图 3-1-4　升速过程步骤 1：SFC 逆变桥通电前给调相机转子绕组施加励磁电流

注：图 3-1-4 中，SFC 只画出了逆变桥，省略了左侧的整流桥。调相机（同步电机）定子绕组的画法是为了便于表示定子绕组中的定子电流产生的磁通的方向而给出的示意图。以 L1 相（A 相）绕组为例，下面的画法（图 3-1-5），更能兼顾实际绕组的位置和定子电流产生的磁通的方向，在此予以说明，使之更加浅显易懂。

在图 3-1-5 中，B 相、C 相定子绕组依次在空间分布上落后 120°。当定子 A 相绕组通过电流时，定子铁心就相当于一块电磁铁，定子电流方向与定子电磁铁的极性符合"右手定则"。在电磁铁内部，磁力线从 S 极指向 N 极，在电磁铁外部，磁力线从 N 极指向 S 极，磁力线一定是一条闭合的曲线。同理，当转子绕组通过电流时，转子铁心也相当于一块电磁铁。

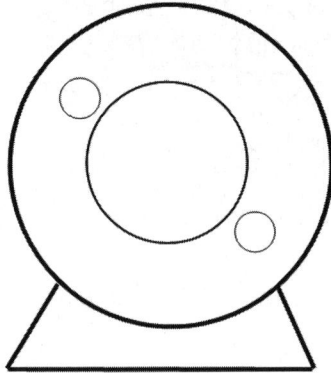

图 3-1-5 L1 相（A 相）绕组

定子绕组、转子绕组同时通过电流时，定子、转子铁心形成的两块电磁铁的磁极相互吸引（或排斥），形成作用于定子与转子之间的电磁力。当定子铁心的磁极与转子铁心的磁极不正对时，定、转子之间的电磁力在电机圆周切线方向上的分量不为零，这就对转子形成了转矩，我们称之为"电磁转矩"。当转子转动时，电磁转矩对转子做功，完成电机把电能转化为机械能的"神圣使命"。对转子做正功时为电动机状态，做负功时为发电机状态。当定子铁心的磁极与转子铁心的磁极正对时，电磁转矩为零，不对转子做功，这就是运行的调相机。

图 3-1-6～图 3-1-12 描述的升速步骤循环往复。每次给两相定子绕组通电（两相定子绕组的电流大小相等，方向相反）时都产生同向的一个脉动电磁转矩，将转子一步步向前拖动。随着转子的不断加速，速度逐渐增大，逆变器换相的频率也相应地加大，与转子保持同样的步调。定子电流产生的"磁极"总是不早不晚地出现在不断加速旋转的转子"磁极"的前面，吸引转子磁极，对转子进行牵引。这一过程一直持续到转子转速达到一定程度（一般 5%～10%额定转速）。在 SFC 这段工作过程中，逆变器不能直接通过触发

需要导通的晶闸管来"夺取"需要关断的晶闸管的电流，实现换相；而是通过关断前面的整流桥的办法，关断原来导通的一对管子，然后重新触发下一步需要导通新的一对管子（其实每次只更换管对中的一个），这种工作方式称作"强迫换相"方式。这主要是因为，在转速低时，逆变器交流侧电势（也就是调相机的机端电压或调相机内电势）太低，直接通过触发需要导通的晶闸管后，被触发的晶闸管的"电压优势"不足以"夺取"需要关断的晶闸管的电流，不能顺利换相。当转速达到一定程度时，逆变器交流侧电势变大，这时就能像整流器一样直接触发换相了，无需再关断逆变桥前的整流桥。SFC的这种工作方式称作"自然换相"方式。此后，SFC一直工作于"自然换相"方式。

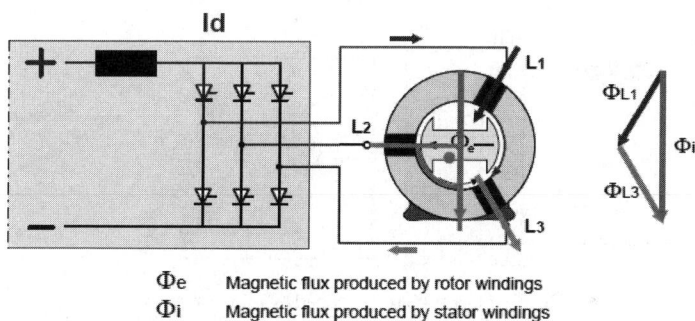

Φ_e Magnetic flux produced by rotor windings
Φ_i Magnetic flux produced by stator windings

Φ_e：Magnetic flux produced by rotor winding 转子绕组产生的磁通
Φ_i：Magnetic flux produced by stator winding 定子绕组产生的磁通

图 3-1-6 升速过程步骤 2（触发逆变桥管 4、管 5，给 A、C 相定子绕组通电流）

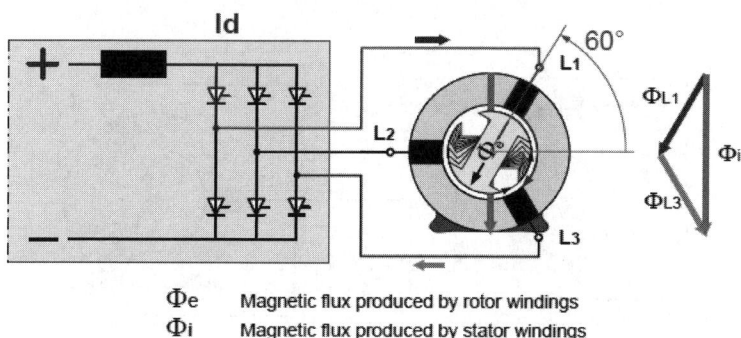

Φ_e Magnetic flux produced by rotor windings
Φ_i Magnetic flux produced by stator windings

图 3-1-7 升速过程步骤 3（触发逆变桥管 4、管 5，
给 A、C 相定子绕组通电流后转子旋转一定的角度）

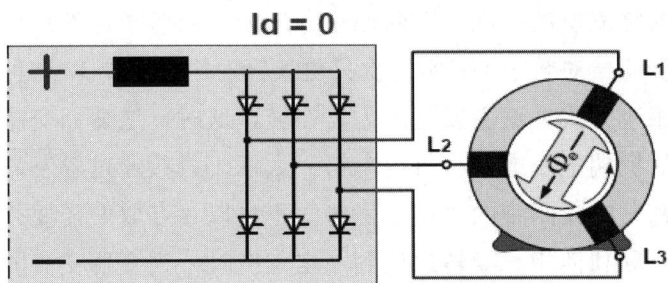

图 3-1-8 升速过程步骤 4（关断逆变桥前面的整流桥，关断直流侧电流，从而关断逆变桥管 4、管 5，关断 A、C 相电流）

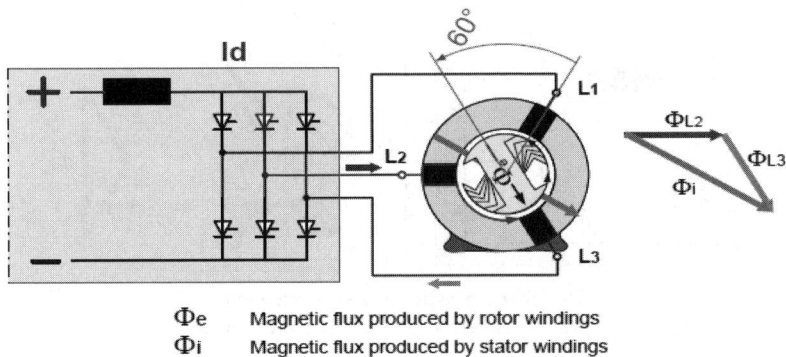

Φe   Magnetic flux produced by rotor windings
Φi   Magnetic flux produced by stator windings

图 3-1-9 升速过程步骤 5：逆变桥彻底关断后，再重新开放整流桥，并触发逆变桥的管 6、管 5，给 B、C 相定子绕组通电流。通电流后转子再旋转一定的角度

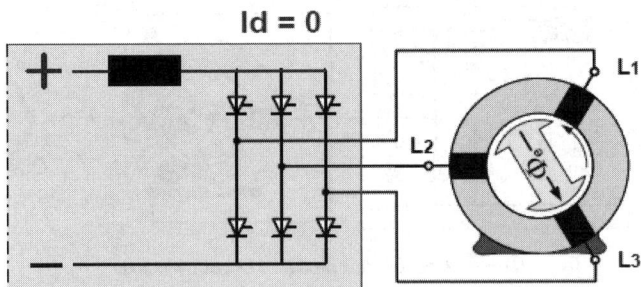

图 3-1-10 升速过程步骤 6［（完全类似步骤 4）关断逆变桥前面的整流桥，关断直流侧电流，从而关断逆变桥管 6、管 5，关断 B、C 相电流］

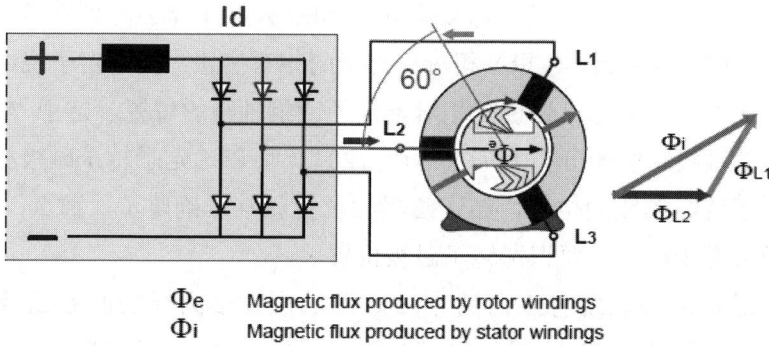

Φe　Magnetic flux produced by rotor windings
Φi　Magnetic flux produced by stator windings

图 3-1-11　升速过程步骤 7［（完全类似步骤 5）逆变桥彻底关断后，再重新开放整流桥，并触发逆变桥的管 6、管 1，给 B、A 相定子绕组通电流，通电流后转子再旋转一定的角度］

SFC 启动过程中"强迫换相"方式以后的部分与正常的整流桥、逆变桥一样，在此不再赘述。

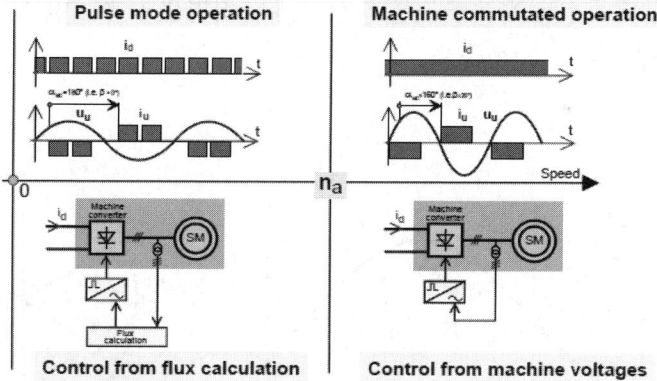

Pulse mode operation：强迫换相运行模式
Machine commutated operation：自然换相运行模式
Control from flux calculation：通过磁通计算控制（逆变桥）
Control from machine voltages：通过机端电压控制（逆变桥）

图 3-1-12　升速过程全程示意图

在图 3-1-6～图 3-1-12 描述的启动过程中，"晶闸管对"导通的前后顺序是固定的，这取决于是想将转子顺时针方向拖动，还是想将转子逆时针方向拖动。如在图 3-1-6～图 3-1-12 所示的例子中，"晶闸管对"导通的前后顺序是：（4，5）→（6，5）→（6，1）→（2，1）→（2，3）→（4，3）→（4，5）→（6，5）……。从哪个环节开始取决于 SFC 开始工作的时刻转子绕组轴线或者说转子磁极（N 极、S 极）相对于定子的相对位置，因为定子绕组相对与定子是静止的，所以也可以说是相对于定子绕组轴线的位置，定子 A、B、C 三相绕组的轴线在空间分布上依次落后 120°，所以确定了转子磁极相对于任意一相定子绕组轴线的位置，转子磁极的位置就唯一确定了。那么，在 SFC 第一次触发逆变桥之前要识别转子磁极位置。

转子磁极位置识别有不同的方法，可以在大轴圆周表面粘贴反光的标示，通过相对于定子静止的探头探测反光信号，确定转子磁极的相对位置。也可以在开始给转子绕组施加励磁的过程中，检测转子电流上升时（陡峭的上升沿），在开路的 A、B、C 三相定子绕组中感应的电压，来确定转子磁极位置。

在"强迫换相"运行阶段，此时转子虽然不再静止，但转速依然较低，定子感应的电压较小。在此阶段，可以通过检测定子电压过零点（由负变正过零和由正变负过零）来预测转子位置，为机桥换相提供参考，电压过零点与转子磁极的位置如图 3－1－13 所示。

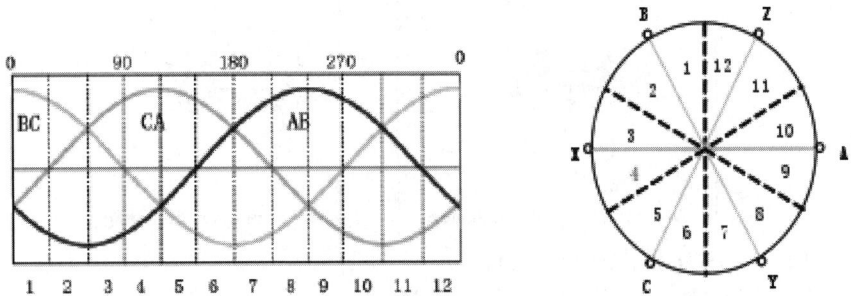

图 3－1－13　电机定子电压波形与转子位置对应关系图

图 3－1－14 表示升速过程中，各参量与转速的关系曲线。紫红色部分表示强迫换相阶段；深黄色部分表示自然换相阶段；浅黄色部分表示仍是自然换相阶段，但这时已接近额定转速，为防止定子电压过高，能准确定速，降低励磁电流和转矩，减小转子角速度的加速度，缓慢升速。

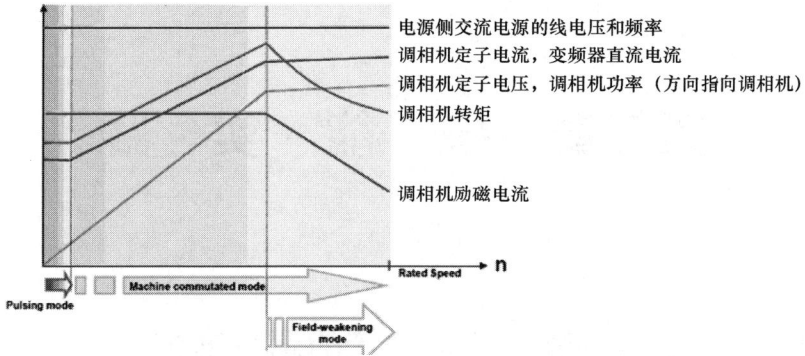

电源侧交流电源的线电压和频率

调相机定子电流，变频器直流电流

调相机定子电压，调相机功率（方向指向调相机）

调相机转矩

调相机励磁电流

Rated Speed

n

Machine commutated mode

Pulsing mode

Field-weakening mode

图 3-1-14 升速过程中，各参量与转速的关系曲线

第二章 技能实践

第一节 SFC系统的运行维护

一、一般规定

（1）调相机站应配备两套SFC系统，任一套SFC系统都可以启动任一台机组，禁止两套SFC系统同时运行。

（2）静止变频器装置连续运行满60分钟，应间隔60分钟方可再次起动。

（3）SFC系统启动前应检查辅助系统电源正常，无故障、无告警信号。

（4）运行人员应注意观察SFC是否处于可用状态，发现问题及时处理，避免需要拖动调相机时SFC系统不可用。

（5）SFC系统发生跳闸后应到现场检查并查明跳闸原因，未查明跳闸原因前严禁使用该套SFC系统进行启动操作。

（6）换流站（变电站）内启动电源母线存在异常时，禁止SFC系统启动。

（7）站用电系统出现10kV母线备用段（接SFC启动电源）与工作段联络运行等非正常运行方式下，禁止进行调相机启动操作，应确保10kV母线备用段SFC启动电源与换流站内设备不可同时运行。

二、SFC巡视工作

（1）电气元件无过热现象。

（2）运行时，SFC设备无异响、异味。

（3）输入、输出断路器位置指示正常。

（4）晶闸管冷却系统运行正常。

（5）输入变压器无过热、异响，冷却系统正常。

（6）控制盘柜内温度正常，清洁干燥。

（7）屏柜滤网干净无积灰，通风顺畅。

第二节　SFC 系统的检修

SFC 检修内容包含控制单元、整流柜、逆变柜、隔离变压器、输入断路器及切换开关、隔离开关电抗器设备等。

SFC 检修项目及其质量要求，按照调相机 A 级检修或 C 级检修执行，具体参见 Q/GDW 11937《快速动态响应同步调相机组检修规范》附录详表 C1、C2 的规定。其主要 A 级检修项目如下，C 级检修项目按照标准进行选择开展。

一、SFC 控制单元

SFC 控制单元主要包含人机交换单元、保护单元和控制单元等设备，主要针对柜内端子排、二次回路、元器件功能以及保护定值等开展相应的检修工作。

SFC 控制单元的 A 级检修项目主要包括：

1. 盘柜清扫和二次接线端子紧固

控制盘柜内应无灰尘，端子紧固。

2. 设备检查

设备安装牢固、无腐蚀。

3. 电源检查（包括交流及直流电源）

电源值误差应在合格范围内，输出电压纹波系数应小于 2%，输出电压与额定电压的偏差值应小于 5%。

4. 绝缘电阻测量

各带电回路对地绝缘电阻测量，不同带电回路之间的绝缘电阻的测量符合 DL/T 596 中规定。

5. 中间继电器和接触器校验

中间继电器和接触器线圈电阻、动作值、返回值等参数，满足产品技术要求；继电器在 80%额定电压下应可靠动作，返回电压不超过 50%额定电压，并且检查继电器和接触器动作和复归时，常开触点、常闭触点的状态应正确。

6. 变送器校验

变送器的绝缘电阻、输出值等参数，满足设备技术文件要求。

7. 保护定值校验

定值满足设备技术文件要求。

8. 控制器检查

控制器接线正确，控制器通电检查正常。

9. 晶闸管脉冲触发系统检查

脉冲波形正确，各参数满足设备技术要求。

10. 模拟量测量环节试验

模拟量信号的测量精度、线性度和范围符合要求。

11. 开关量输入输出试验

开关量输入输出正确，继电器工作正常。

12. 电源切换试验

控制电源切换正确。

13. 与监控系统及其他系统间接口信号的检查

信号传输正常。

14. 电测仪表校验

电测表计校验误差在允许范围内。

二、SFC 整流柜、逆变柜检修

SFC 整流柜、逆变柜主要由晶闸管组件、桥臂电感器、电容、阻尼回路等组成。SFC 整流柜、逆变柜检修主要针对机柜内各功能单元及原部件按照相应的检修标准进行作业。

SFC 整流柜、逆变柜的 A 级检修项目主要包括：

1. 整流桥柜和逆变桥柜清扫

电网侧整流桥柜、机组侧逆变桥柜柜内元件干净无尘。

2. 功率部件、桥臂电感器连接检查（如有）

晶闸管功率部件、桥臂电感器连接紧固。

3. 阻容部件紧固情况检查

晶闸管电阻、电容、阻尼回路连接紧固。

4. 脉冲触发及监视光纤及连接器检查

晶闸管脉冲触发监视光纤及连接器连接良好，检查备用光纤。

5. 故障信号模拟显示

晶闸管报警和调整信号正确。

6. 绝缘电阻测量

各带电回路对地绝缘电阻测量，不同带电回路之间的绝缘电阻的测量符合DL/T 596 相关规定。

7. 脉冲触发试验

晶闸管脉冲门触发宽度和持续时间满足产品技术要求，脉冲触发回路正常，晶闸管性能完好。

8. 并联电阻电容测试

晶闸管并联电阻的电阻值和并联电容的电容值参数满足设备技术文件要求。

9. 电流、电压互感器试验

10. 熔断器、信号指示器

熔断器外观完好、参数符合要求、信号指示正确。

11. 避雷器预防性试验

12. 风机清扫检查及启动试验

风机清洁，无异常，启动正常。

三、SFC 隔离变压器检修

SFC 隔离变压器的 A 级检修项目主要包括：

1. 隔离变压器外观检查及预防性试验

变压器各部整洁、外观无异常；预防性试验合格。

2. 电气连接部件紧固性检查

电气连接部件可靠紧固。

3. 隔离变压器温度保护核查

确认报警信号正确，温度保护启动风机正常。

4. SFC 交流进线核相（必要时）

一、二次设备接线发生变动后，应检查送至 SFC 交流进线柜相序正确。

四、SFC 输入断路器及切换开关检修

SFC 输入断路器及切换开关的 A 级检修项目主要包括：

1. 操作检查

电动操作和手动操作正常。

2. 触头检查

测量接触直阻触头接触良好，有条件时使用内窥镜检查触头。

3. 监控功能试验

断路器信号的动作和复归应与设计的信息表相符；就地/远方控制切换和指示应正确，就地/远方控制功能应正确，联锁功能符合设备技术文件要求。

4. 预防性试验

符合 DL/T 596 相关规定。

五、机端隔离开关检修

SFC 机端隔离开关的 A 级检修项目主要包括：

1. 触头检查

确保隔离开关触头完好，功能正常。

2. 监控功能试验

隔离开关信号的动作和复归应与设计的信息表相符；就地/远方控制切换和指示应正确，就地/远方控制功能应正确，联锁功能正常。

3. 电气预防性试验

预防性试验合格。

六、SFC 电抗器柜检修

SFC 电抗器主要作用是为了抑制直流电流纹波，满足系统需要。同时限制系统故障或者受到扰动时电流上升的速率和幅值，避免出现逆变桥换相失败。SFC 电抗器柜检修主要针对机柜内电抗器的本体、电气连接等按照相应的检修标准进行作业。

1. 电抗器表面清洁

检修期间进行电抗器表面清洁,确保电抗器外观整洁,设备安全可靠运行。

2. 支持绝缘子的清扫检查

检修期间进行支持绝缘子清扫，确保支持绝缘子表面清洁、完整无裂痕。

3. 电抗器的接地检查

检修期间进行电抗器的接地检查，确保电抗器接地没问题，接地端无异常。

4. 电抗器的电气连接检查

检修期间进行电抗器的电气连接检查，确保电抗器的电气连接紧密可靠连接，保障设备安全运行。

5. 电气预防性试验

电气预防性试验合格。

第三节　SFC 系统试验

一、静态试验

SFC 系统拖动机组前，通过对控制柜各单元、控制系统功能、隔离变及其保护等进行相应的静态测试，以保证其功能正常。

（一）功率柜、电抗器柜风机启动试验

验证风机运行是否正常，以及辅助电源实际供电电压对风机风压的影响。

（二）静止变频启动装置故障联动试验

检查验证静止变频器的功能以及相关回路的正确性。A 修后需开展此项工作。

（三）功率桥低压小电流试验

该试验可以对控制器网桥和机桥同步信号的测试以及脉冲输出回路的检查。

（四）脉冲触发试验

晶闸管脉冲触发试验是为了检查触发脉冲回路是否正常。

（五）晶管并联电阻电容试验

通过测量确认电阻电容的正常，确保并联阻容回路的功能正常。

（六）串联阀组均压试验

验证同一桥臂上串联的晶闸管的阻抗特性，保证晶闸管触发的一致性。A

修期间需开展此项工作。

（七）过电压保护功能试验

验证过电压保护功能的可靠性。A 修期间需开展此项工作。

（八）控制器模拟量输入、输出试验试验

通过校验输入、输出的精度与准确性，确保静止变频器系统运行的稳定及可靠，以及保证拖动期间与励磁系统间的配合正常。

（九）控制器开关量输入/输出试验

通过该试验确保系统运行的可靠性。

（十）SFC 与 DCS 通信试验

确保两系统之间的通信功能正常，信号正确。

二、动态试验

（一）故障联动试验

（1）试验目的：在所有 SFC 单体检修完成后，为保证故障情况下系统能正确响应并停机，需在首次拖动前完成故障联动试验，以确保 SFC 系统以及回路的正确性。

（2）试验步骤：

1）静止变频启动装置拖动机组至 5%额定转速，按下静止变频器紧急停机按钮，静止变频器和机组应紧急停机；

2）静止变频启动装置拖动机组至 5%额定转速，按下机组紧急停机按钮，静止变频器和机组应紧急停机。

（二）转子初始位置检测

（1）试验目的：检测机组静止状态下 SFC 系统转子位置测量算法的精度，验证转子位置测量功能，确保进行电机定子通流试验时，机侧晶闸管可以正确触发。A 修期间需开展此项工作。

（2）试验步骤：

1）机组转动前应标记转子初始位置，检查确认机组励磁系统电流给定值为 0，启动励磁系统。

2）启动静止变频器，静止变频启动系统给定的励磁电流不超过空载额定励磁电流通流时间不超过 10s。检查记录系统显示的转子位置角度。试验重复

3 次。

（3）3 次试验得到的转子初始位置角度偏差不大于 5°。

（三）SFC 转子通流试验

（1）试验目的：检查励磁回路，励磁装置及励磁主回路连接是否正确。A 修期间开展此项工作。

（2）试验步骤：

1）启动静止变频系统，连接 SFC 到励磁通道；

2）按设定频率设置机桥侧输出频率，逐步增大机桥侧电流至目标值，一般不超过 10%额定启动电流；

3）记录调相机定子电压、定子电流，网侧电压、网侧电流。

（四）SFC 定子通流试验

（1）试验目的：检查 SFC 本体到机组一次回路的连接情况，通过试验对控制器装置内部的相关参数进行整定，保证后续拖动试验的顺利进行。A 修期间需开展此项工作。

（2）试验步骤：

1）减小控制器中整流桥和逆变桥的电流限制值、过电流保护值；

2）控制器脉冲解锁；

3）逆变桥输出频率控制在 2～20Hz，逐步增大整流桥电流，输出电流宜控制在静止变频启动装置额定电流的 20%以下，通流时间不宜超过 10min；

4）应检查整流桥输入电压和电流、逆变桥输出电流波形、机组定子温升。

（五）机组转向试验

（1）试验目的：验证系统功能、一次回路的正确性，并判断初始转矩是否合适。A 修期间需开展此项工作。

（2）试验步骤：

1）监控系统执行正常启动流程，静止变频器拖动机组转动；

2）观察到机组转动后，检查机组转动方向是否正确并立即停机；

3）转向错误时，首先应检查控制器输出是否正常，其次应着重检查静止变频器机桥输出至机端一次电缆连接相序是否满足拖动的要求，即拖动工况下机桥输出到机端一次电缆连接应为负序接法。

4）除检查机组转向是否正确外，首次拖动机组时还应观察机组由静止态转为转动态时转速上升是否平缓稳定，以此反映静止变频器初始输出转矩的大小是否合适。若机组初始转动加速过快，需对静止变频器输出电流大小和励磁电流大小进行调整。

（六）机组转速控制试验

（1）试验目的：确保系统控制器转速调节功能的正确性和可靠性。

（2）试验步骤：

1）将静止变频器切至就地模式，拖动机组至15%额定转速；

2）手动设定速度参考值，逐步提高发电机转速，直至额定转速；

3）检查静止变频器在各速度参考值下的响应；

4）配合机组动平衡试验时，按照调相机动平衡试验要求执行。

第四节　SFC典型案例分析

SFC 控制屏故障

（一）故障描述

2023年，某站DCS系统上位机报"#1SFC故障跳闸1、#1SFC故障跳闸2、#1SFC DCS紧急停机状态"信号动作，SFC控制屏故障灯亮，柜内SFC系统故障ZJ2继电器动作励磁。

（二）原因分析

轻微故障时发告警信息，严重故障时保护动作跳SFC输入断路器，SFC紧急停机。

（1）SFC的电源板卡NR2304B老化导致板卡不给VCU模块供电，SFC控制器PCS-9575与阀控单元PCS-9586网桥1VCU模块之间的光通道通信异常，触发1#SFC系统故障ZJ2动作，使1#SFC退出运行。

（2）调相机厂房环境温度较高，造成电气设备屏柜散热效果不佳；且SFC控制柜内设备布置较紧密，各设备单元之间缺少散热对流空间。造成板卡长期运行温度过高，容易出现故障。

（三）处理措施

（1）对电源板卡进行更换后，运行正常。

（2）建议南瑞优化 SFC 控制屏内设备单元布置，适当加大设备元件之间的空间布置，确保屏柜内设备能通过屏顶风扇对流散热。

（3）建议南瑞厂家对 SFC 紧急停机出口继电器 ZJ3、ZJ4、ZJ5（见图2）回路进行优化改造，改用通过常开动作接点出口，避免 SFC 正常运行时 SFC 紧急停机出口继电器 ZJ3、ZJ4、ZJ54 继电器长时间动作，导致线圈发热烧坏。

第四篇

调相机冷却水系统

第一章 理 论 知 识

第一节 调相机冷却水系统概述

一、冷却水系统功能

调相机运行时要发生能量消耗，这些损耗的能量变成了热量，致使调相机的转子、定子、定子绕组等各部件的温度升高。这就需要采取适当的冷却方式和选用有效的冷却介质，将热量带走，以保证调相机的安全运行。

调相机运行过程中的损耗归纳为三种，分别为铜损、铁损和机械损耗。铜损是指线圈导体存在电阻，电流通过时产生的损耗；铁损是指铁芯中磁场变化产生的损耗，为减少铁损，铁芯都由硅钢片叠压而成；机械损耗是指通风和轴承部分的摩擦引起的损耗。为了保证调相机能在绕组绝缘材料允许的温度下长期运行，必须及时地把铜损、铁损和机械损耗所产生的热量导出，使调相机各主要部件的温升一直保持在允许的范围内。否则，调相机的温度就会继续升高，使绕组绝缘老化，出力降低，甚至烧坏，影响调相机的正常运行。因此，必须连续不断地将调相机产生的热量导出，这就需要强制冷却。

二、常用冷却方式

调相机的冷却是通过冷却介质将热量传导出去来实现的。调相机冷却系统包括内冷系统和外冷系统，内冷系统有空气内冷和水内冷两种方式，空气和水的性能比较如表4−1−1所示。外冷系统一般采用冷却水与内冷系统进行换热，可分为闭式外冷水系统和开式外冷水系统两种型式。闭式外冷水系统为封闭式系统，其外冷部分有空气外冷（空气冷却器）、空气−水联合（空气冷却器−喷淋塔）两种方式；开式外冷水系统为敞开式系统，采用机力通风冷却塔对冷却水进行降温。空气的优点是价格低廉，所需的附加设备简单，维修方便；缺点是空气的比热小，冷却效果较差，空气冷却限制了调相机的容量，而且调相机组容易脏污。

表4-1-1　　　　　　　　空气和水性能比较

冷却介质	绝对压力 MPa	相对比热	相对密度	吸热能力		散热能力	
				体积流量	相对吸热量	流速，m/s	相对散热系数
空气	0.1	1	1	1	1	30	1
水	—	4.16	1000	0.05	208	2	84

水具有较高的散热性能、黏度小，能通过小而复杂的截面，化学性能稳定，不会燃烧，而且具有价廉的特点。但它增加了水路系统，容易腐蚀铜线和漏水，使运行的可靠性降低。

三、冷却水系统构成

双水内冷调相机水系统包括调相机定子内冷水系统、转子内冷水系统、外冷水系统和除盐水系统。

内冷水系统、外冷水系统、外冷水系统的整体结构流程简图如图4-1-1所示。

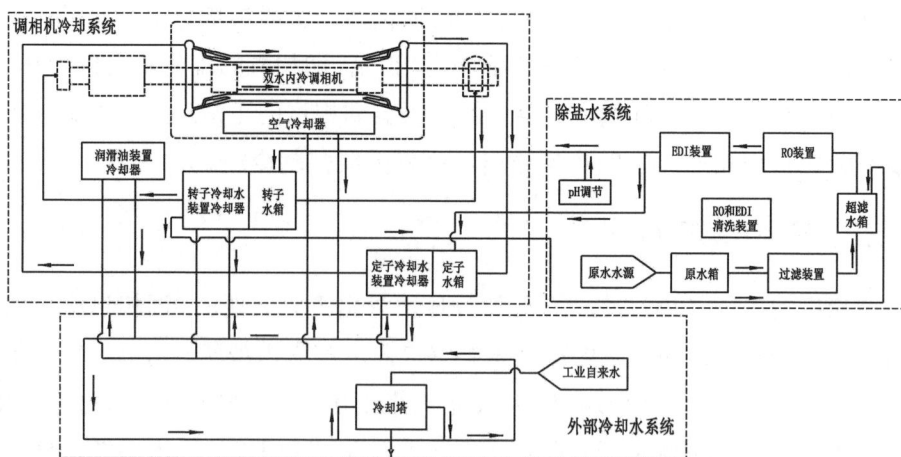

图4-1-1　冷却水系统示意图

第二节 调相机内冷水系统

调相机用于定子及转子内通水冷却的系统称为内冷水系统,系统需要满足换热循环、散热、绝缘、防腐蚀、防渗漏等多方面要求。

内冷水系统的结构

双水内冷调相机定子冷却水系统和转子冷却水系统均为组装式的闭式循环系统,主要的系统设备和监测仪表组装在一块底板上,便于安装、操作和维护。系统主要由水泵、换热器、机械过滤器、离子交换过滤器、水箱、水封、管道、阀门和监测仪表等组成。

调相机定、转子冷却水系统结构示意如图 4-1-2 所示。

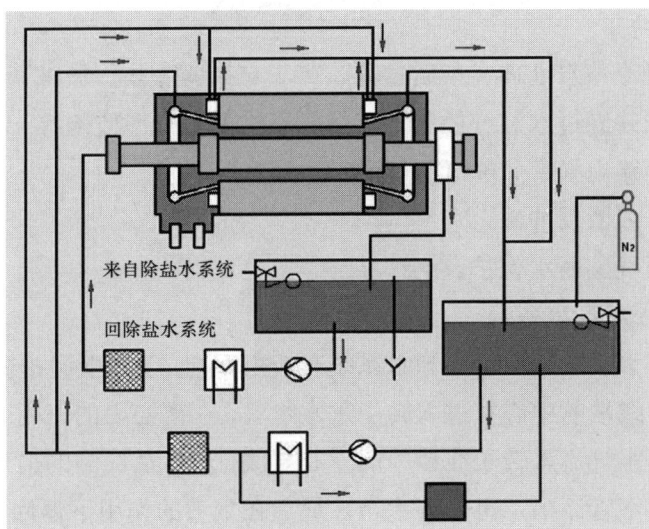

图 4-1-2 定、转子冷却水系统示意图

(一)定子冷却水系统

定子冷却水系统是一个由定子冷却水集装设备、定子水路、输送管路和阀门仪表组成的封闭式系统,冷却水由定子水泵推动,在这个封闭水路中不断循环流动,定子冷却水集装设备外观如图 4-1-3 所示。

定子冷却水系统的功能如下:

（1）定子冷却水系统为闭式自循环系统，调相机定子线圈连同外部连接管道及定冷水集装装置形成一个完整回路，由集装装置中的水泵推动回路中的水不停的进行闭式循环，通过定子水冷却器带走调相机定子线圈产生的热量。

图 4-1-3　定子冷却水集装设备

（2）定子冷却水处理（杂质过滤、离子交换器除盐、加碱调节 pH 等）。

（3）定子线圈进水温度控制，流量、压力及电导率监测等。

（4）水回路电导率、pH 值、溶氧量检测。

（5）定子线圈反冲洗。

（6）定子线圈断水保护。

（二）转子冷却水系统

转子冷却水系统与定子冷却水系统有较大不同，运行中调相机的转子线圈冷却水通过出线端的中心孔进入转子进水水室，在离心力的作用下，进入聚四氟乙烯绝缘引水管流入转子线棒中的空心导线，然后从线圈的另一端（非出线端）经绝缘引水管流出，甩入集水箱，最后在重力的作用下返回到转子水箱。由于在甩出水的过程中，吸收大量的空气，水中溶解氧浓度大大提高，所以转子线圈冷却水路是一个开式循环系统。由于调相机这种动静之间的结构原因，转子水系统的水质较难控制，最有效的方法是通过连续补水的方式来达到水质要求。转子冷却水集装设备外观如图 4-1-4 所示。

转子冷却水系统的功能：

（1）转子冷却水系统为开式自循环系统，调相机转子线圈连同外部连接管道及转子冷却水集装装置形成一个完整回路，由集装装置中的水泵推动回路中的水不停的进行循环，通过转子水冷却器带走调相机转子线圈产生的热量。

（2）转子冷却水处理（杂质过滤、膜碱化装置调节水质等）。

（3）转子线圈进水温度控制，流量、压力监测等。

图 4-1-4　转子冷却水集装设备

（4）水回路电导率、pH 值、溶氧量检测。

（5）转子线圈断水保护装置。

（6）转子水系统采用连续补水方式，与除盐水系统统筹设计。

（7）转子水系统需要进行持续的汽水分离。

（三）水箱

定子冷却水箱和转子冷却水箱按压力容器设计制造，定子冷却水箱为闭路循环水系统中的一个储水容器，转子冷却水箱为开式循环水系统中的一个储水容器。水箱装有液位传感器，用于自动控制补水以保持箱内正常的液位水平及对过高或过低的液位发出报警。水箱上还配有液位计，用以目测观察水箱液位。转子冷却水箱上部还装有汽水分离器。

（四）水泵

定子冷却水系统和转子冷却水系统各装有两台并联的离心式水泵，两台水泵互为备用。泵的出口处装有单向止回阀以相互隔离。两台水泵具有联动功能，即一台水泵压力不足或退出运行时，备用水泵能立即自动启动。

（五）水过滤器

定子冷却水系统和转子冷却水系统中各装有两台并联的水过滤器，正常情况下一台运行，另一台备用。过滤器的两端跨接着压差开关。当过滤器两端压差增大到一定值时，压差开关动作并发出"过滤器压差高"报警信号，此时应及时将备用过滤器投入运行，清理或更换被堵塞的过滤器滤芯。

（六）离子交换器

定子冷却水系统运行时，从冷却水路中分路一小部分冷却水，使之流经一台离子交换器来实现冷却水的低电导率。流经离子交换器的冷却水水量通过流量表计指示，并由手动阀门控制通过离子交换器的水量。在正常情况下，只需有少量的冷却水流经离子交换器，即可保证主循环水路中冷却水的电导率处于规定的范围内。

（七）定子线圈冷却水断水保护装置

定子线圈进水主水路上装有一套断水保护装置，装置采用支架式安装，每套装置由一个流量变送器和三个相同报警值的差压开关组合而成（或三个变送器组合而成），用于在线监视定子线圈进水流量。当定子冷却水流量低到一定数值时发出"调相机定子冷却水流量极低"三取二断水保护信号，由计算机或电气方式实现断水保护。

（八）定子冷却水加碱装置

定子冷却水系统中配有加碱装置，其作用是通过向定子冷却水中加入碱液自动控制定子供水装置出口的电导率，从而保证进入定子线圈的冷却水的电导率和 pH 在规定范围内，这也是提高定子冷却水质的一种主要方法。

（九）转子线圈断水保护装置

转子线圈进水主水路上装有一套断水保护装置，装置采用支架式安装，每套装置由一个流量变送器和三个相同报警值的差压开关组合而成（或三个变送器），用于在线监视转子线圈进水流量。当转子冷却水流量低到一定数值时发出"调相机转子冷却水流量极低"三取二断水保护信号，由计算机或电气方式实现断水保护。

（十）转子膜碱化水处理装置

为了降低内冷水对转子线圈的腐蚀，防止铜腐蚀产物沉积堵塞线圈，通过转子膜碱化水处理装置连续不断地对内冷水进行循环处理：通过高分子膜去除内冷水中的离子态铜、固态铜以及机械杂质和不溶物，保留内冷水中有益的碱性离子，与此同时通过微碱化技术控制碱化系统向内冷水系统中添加碱性物质，维持内冷水质在弱碱性区域 pH≥7（期望值 8～9），同时为了机组运行安全，达到电导率＜5.0μs/cm。

（十一）补充水系统

定、转子冷却水系统的补充水来自除盐水系统。补充水依序通过电动阀（或旁路阀）、流量计、补水过滤器、进入水箱。电动阀的开闭由位于水箱上的液位计控制，保持水箱液位在预设范围。

（十二）在线化学仪表

为了监测定、转子冷却水的水质，内冷水系统配置的在线化学仪表包括电导率仪、pH 计和溶氧仪。电导率仪带有报警功能，当主水路中的电导率超过 1.5μs/cm、转子超过 5.0μs/cm 时，将发出"电导率高"警报。离子交换器出口水路中的电导率达到 1.5μs/cm 时，将发出"离子交换器出口电导率高"报警。离子交换器出口水路中的电导率可判定离子交换器内树脂是否失效。

第三节 调相机外冷水系统

调相机外冷水系统作用是将空冷器、内冷水冷却器和润滑油冷却器内热量带走，为机组提供稳定的运行温度，保证调相机安全持续运行。根据换流站所在地环境及水源条件不同，调相机外冷系统又分为开式外冷水系统和闭式外冷水系统两种型式。

外冷水系统按管路配置方式可分为母管制、单元制和扩大单元制，具体如下：母管制系统采用一套外冷水系统通过母管供给多台机组，主循环泵等主要设备按 $N+1$ 配置。优点是系统简单、投资少、安全可靠，缺点是检修时需同停机组。单元制系统采用一套外冷水系统单独供给一台机组，系统中的设备采用高冗余度配置，如主循环泵等均采用一用一备的配置，优点是系统可靠性高、停机检修时互不影响，缺点是投资大。扩大单元制系统是在单元制系统上增加联通管道，除主循环泵两个单元共用一台备用外，系统中的其他主要设备的配置同单元制相同，系统可靠性高，节省投资，运行灵活。

一、开式外冷水系统

开式外冷水系统为敞开式，冷却水直接与大气接触，优点是建设投资小，设备结构简单，单位散热容量大。缺点是冷却水易受环境影响污染，耗水量大。在运站调相机开式外冷水系统均采用母管制供水，该型式结构简单、投资较小。冷却水通过循环水泵驱动进入室外机械通风冷却塔，高温水喷淋在冷却塔内的填料表面，通过蒸发散热的形式将热量带入大气环境中，达到降温的效果。

（一）系统结构

为了控制冷却水的温度，室外换热设备运行时，根据冷却水温度传感器发出的信号确定室外换热设备投入运行的风机数量及风机转速，以保证室外换热设备处于最佳运行工况和维持供水温度稳定。冷却系统具备足够的冷却能力，以保证在各种运行条件下有效冷却调相机。外冷水系统流程简图如图4-1-5所示。

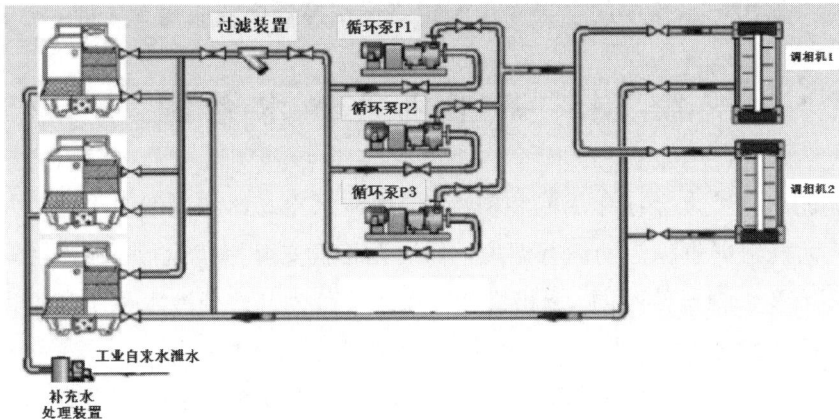

图4-1-5 开式冷却塔方案流程简图

（二）主要设备

1. 机械通风冷却塔

机械通风冷却塔主要由换热盘管、换热层、动力传动系统、水分配系统、检修门及检修通道、集水箱、底部滤网等组成。冷却塔作为开式外冷水系统的室外换热设备，将被加热的冷却介质降温，使其温度在进阀的允许范围内。机械通风冷却塔采用 $N+1$ 的方式（N 为调相机数量），示意图见图4-1-6。

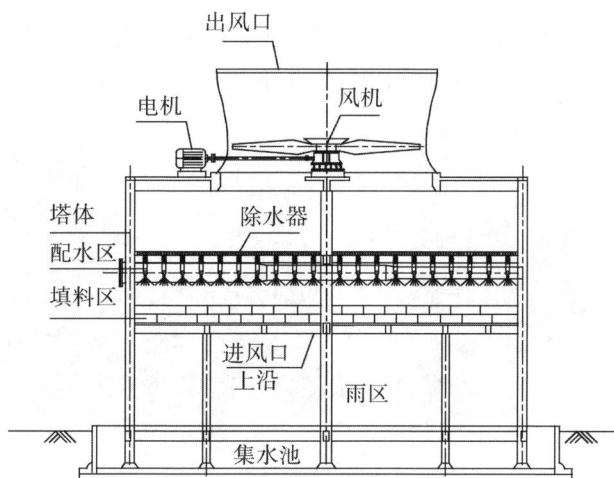

图 4-1-6　开式冷却塔结构示意图

（1）机械通风，采用变频电动机连接减速器，驱动大直径轴流风机，形成自下而上的逆流式冷却风道。

（2）热交换层，由喷淋管路和布水器配合多层格栅填料，形成自上而下的雨淋散水换热结构。

（3）冷却塔底部建有喷淋集水池，配合循环泵和管路形成循环冷却结构。

（4）水分配系统由喷淋集水池、进水和回水管路、喷淋布水系统、喷嘴等组成。在冷却塔本体内主要有喷淋水分配管道和喷嘴组成。

2. 循环水泵

循环水泵是冷却水的总动力源，水泵的选型包含流量的计算和扬程的计算。由于循环水泵的流量取决于调相机冷却器的要求，因此其计算主要为泵扬程的计算。通常选用卧式离心不锈钢水泵，具有可靠性强、运行稳定、效率高、寿命高、安装及维修方便等特点，一般按 $N+1$ 配置。

主循环泵的外形见图 4-1-7。

为降低泵在启动时对冷却系统和供电系统的冲击，主循环泵一般配置软启动器。

3. 加药系统

为了避免或减轻外冷水系统结垢和微生物滋生，降低传热效率，必须对外冷水采取加药处理，加药装置如图 4-1-8 所示。外冷水系统设置两套加药装置，一套加药装置投加杀菌灭藻剂，另一套加药装置投加缓蚀阻垢剂，用于降低污垢沉积速率、设备腐蚀率和控制菌藻类的生长。

图4-1-7 主循环泵外形图

图4-1-8 加药装置示意图

外冷水常用的化学药剂为缓蚀阻垢剂、氧化性杀菌剂和非氧化性杀菌剂。

缓蚀剂：防止和减少外冷水对设备和管道内部的化学腐蚀。

阻垢剂：防止和减少外冷水在冷却塔高温蒸发后，导致设备表面结垢，从而影响设备的散热性能。缓蚀剂和阻垢剂通常复配在一起，成为缓蚀阻垢剂。

杀菌剂：防止和杀死外冷水系统中的微生物和藻类，起到灭菌除藻的作用。可分为氧化性杀菌剂和非氧化性杀菌剂，两种药剂交替使用，防止微生物和藻类产生耐药性。

4. 电动滤水器

每台调相机配置一台电动滤水器，安装在循环泵出口主管路上，主要用于滤除水中不小于 20 目的固体杂质，具备定时排污和反冲洗自洁能力，可有效避免外冷水中杂质进入换热器，保障换热设备的正常有效运行。

二、闭式外冷水系统

调相机闭式外冷水系统由内冷部分与外冷部分组成。其中，内冷部分采用除盐水，用于冷却调相机本体和润滑油；外冷部分为内冷部分降温，可分为全空冷、全水冷（调相机暂未采用）、干湿联合三种冷却方式。

闭式外冷水系统为完全密闭式，冷却水在管路中流动，利用翅片和盘管向大气散热，管内采用氮气稳压并密封，一般装有风机或水喷淋系统加强散热效果。优点是耗水量少，单元制冷却塔布置灵活。缺点是造价略高，盘管翅片污染结垢后影响散热效率。冷却系统中的设备采用高冗余度配置，主循环泵、主过滤器等均采用一用一备的配置，重要仪表传感器如调相机冷却水的流量、压力、电导率、pH 值传感器采用冗余的配置。

（一）全空气外冷系统

1. 全空气外冷系统结构

闭式冷却水在调相机冷却器内加热升温后，由循环水泵驱动进入室外空冷器，室外空冷器配置有换热盘管（带翅片）和风机，风机驱动室外大气冲刷换热盘管外表面，使换热盘管内的水得以冷却，降温后的冷却水由循环水泵再送至调相机冷却器，如此周而复始地循环。纯空冷器系统流程图如图 4-1-9 所示。

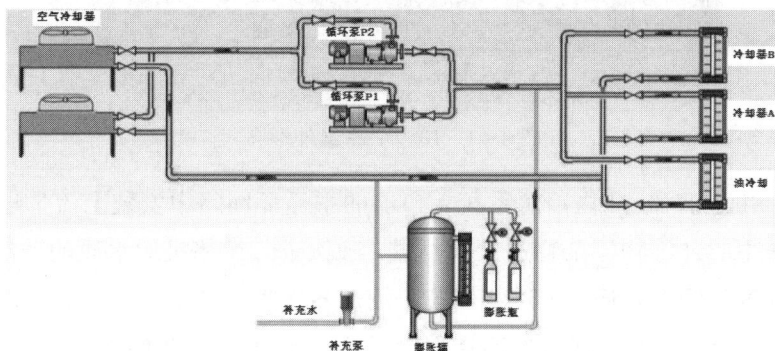

图 4-1-9　调相机闭式外冷水系统结构图

2. 全空冷系统设备

在主循环回路上并联一稳压系统及水质稳定系统。循环系统采用氮气密封技术，通过膨胀罐来维持系统的水质和压力恒定，同时氮气稳压装置为了控制进入调相机冷却水的电导率及 pH 值，在主循环泵入口处设置有一套加药装置，根据冷却水电导率和 pH 值，确定加药量和加药周期。

同时，为稳定冷却塔喷淋循环水水质，喷淋循环水系统配置加药系统和旁滤循环水处理系统，通过介质过滤器实现喷淋水过滤和水质稳定。

空气系统主要由三个部分组成：空冷器、主过滤器、电加热器、管路及阀门等设备组成。

（1）空冷器。空冷器如图 4-1-10 所示，主要由换热管束、管箱、风机、构架、楼梯、栏杆、检修平台、百叶窗等组成。空冷器作为调相机外冷系统的室外换热设备，对调相机内冷水系统冷却介质进行冷却，将内冷水温度控制在允许范围内。

图 4-1-10 空冷器外形图

（2）主过滤器。在内冷水系统入口前的主循环回路中安装全流量过滤器以防止系统中的纤维物等杂物进入换热器，确保进入调相机的水质的洁净度。过滤器滤芯为不锈钢材质，主过滤器应一用一备配置，以便主过滤器可以在线维护或更换。为监测主过滤器的污堵程度以确定主过滤器的维护，在主过滤器上设置了差压传感器。同时过滤器进出口均设有阀门以便于在主循环泵停运时过滤器的更换或清洗，而无需损失太多冷却介质。为方便主过滤器在在线维护时排气及将其中的冷却水放空，在过滤器顶部设有手动排气阀；在过滤器底部设置手动放空阀。过滤器形式详见图4-1-11。

图4-1-11　主过滤器外形图

（3）仪表及传感器。循环回路中主要设置有进/出水温度传感器、进/出水压力传感器、进水流量传感器、电导率和pH值传感器等。

（4）脱气罐。在内冷却回路中，残留气体以及运行过程中产生的气体可能会在管路中积聚，从而引发诸多不良影响：增大水泵噪声、振动，水泵流量降低，污染水质，减少流道截面，增大管道压力甚至导致支路断流现象；因此回路中的主要容器及高端管路均设置了自动排气阀进行排气。为了更好的排气，内冷却系统利用脱气罐在主泵入口处作为气水分离器以去除管路系统中产生的气体。脱气罐的罐体材质为不锈钢304L。

（5）氮气稳压回路。氮气稳压系统由膨胀罐、氮气瓶、减压阀、电磁阀、压力传感器、安全阀等组成。氮气密封使冷却水与空气隔绝，对管路中冷却水的电导率及溶解氧等指标的稳定起着重要的作用。当主回路冷却水因温度提高导致膨胀罐压力增高时，膨胀罐顶部的电磁阀将自动打开完成排气；当冷却回路冷却水损失或温度降低导致膨胀水箱压力降低时，膨胀水箱即以自身压力将罐内冷却水输出以维持主回路的压力恒定和冷却水的充满。

（6）水质稳定回路。水处理回路由加药装置、排水回路、在线电导仪及功能阀门串联组成。该回路并联于主回路运行：从主泵出口高压段引出的小流量冷却介质通过本回路后净化成超纯水，然后进入主泵进口管路完成并联循环回路。

（7）补水回路。电动开关阀：当膨胀罐液位低于目标值时，电动开关阀自动开启，对闭式系统实现自动补水；当膨胀罐液位达到补水停止值时，电动开关阀自动关闭，停止系统补水。

（8）电加热器。为了防止环境温度较低、系统负荷较小时，内水冷温度过低，在空冷器总出口处的不锈钢罐体内设置 3 台电加热器，用于对内水冷冷却液进行加热，每台功率为 60kW。在电加热器进出口均设置截断用的不锈钢阀门，在检修时可以方便地关掉相应阀门。设置温度开关，进行进阀温度保护。

（9）管路及阀门。管路与管道件采用自动氩弧焊接、经精细打磨工艺而成，外部亚光处理，无可见斑痕，内部经多道清洗，通过严格的耐压检验。现场管道安装采用厂内预制、现场装配的形式，杜绝了现场焊接后处理不善造成的一系列隐患。管路系统实施可靠接地，保持等电位，以杜绝可能产生的电腐蚀现象。管路及阀门均采用 304 不锈钢及以上材质。

3. 全空冷系统的运行模式

空冷系统分为三种运行模式：手动模式、自动模式、停止模式。三种模式通过"PLC 控制柜"上的钥匙旋钮进行切换。在调相机解锁期间，模式选择功能无效，系统默认为自动模式；只有在调相机解锁信号消失后，模式选择功能恢复有效。

（1）手动模式。手动模式下，加热器、风机、机柜风扇都能通过控制柜面板上按钮进行手动操作，且相应的指示灯正确指示。手动模式运行时冷却系统由人机接口操作屏控制，此模式一般在系统检修维护及调试时应用。

（2）停止模式。停止模式下，在控制柜面板按钮及 OP 界面上不能对系统设备进行操作，但可通过 OP 界面或上位机界面监视系统状况，外风冷控制系统与极控正常进行通信。

（3）自动模式。自动操作模式下，控制保护系统根据调相机风冷系统状态对风机、加热器等设备进行自动控制。

自动模式下，冷却控制系统监控冷却系统的运行状况和检测系统故障信息，冷却控制系统自动通过控制风机投入组数与运行频率调节进阀温度，对冷却系统参数的超标及时发出告警。自动运行模式下，加热器、变频器、机柜风扇等由冷却控制系统根据实际工作条件进行自动控制，控制面板无法进行设备操作。

（二）干湿联合冷却系统

1. 干湿联合冷却系统工艺流程

冷却水在调相机冷却器内加热升温后，由循环水泵驱动进入室外空冷器和闭式冷却塔，空冷器配置有换热盘管（带翅片）和风机，风机驱动室外大气冲刷换热盘管外表面，使换热盘管内的水得以冷却，降温后的冷却水再送至调相机冷却器，如此周而复始地循环。当环境温度较低时，仅空冷器运行；夏季高温时，进水温度升至目标值时，闭式冷却塔投入运行，共同实现调相机冷却器冷却。工艺流程如图 4-1-12 所示。

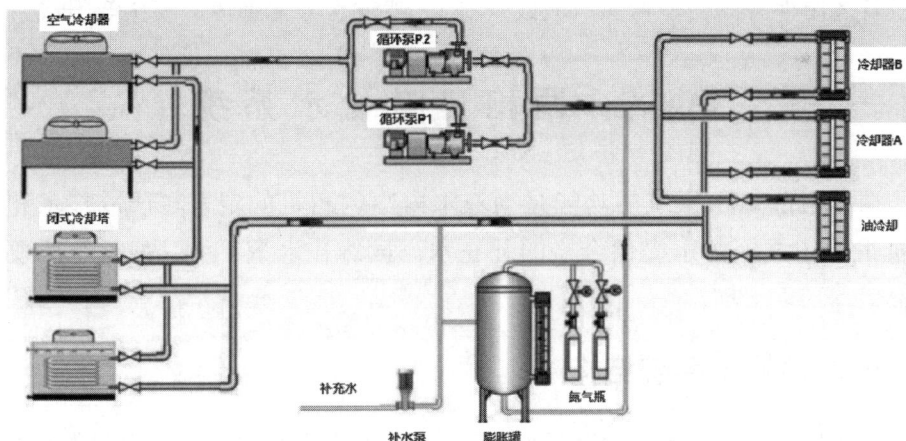

图 4-1-12 调相机闭式外冷水系统示意图

2. 干湿联合冷却系统设备

本冷却系统主要包括空冷器、闭式蒸发冷却塔、循环水泵、主过滤器、膨胀罐、喷淋循环水泵、旁滤循环装置、加药装置、循环水管及阀门等附件。与全空冷相同，不再赘述。

（1）闭式蒸发冷却塔。当环境温度高于空冷器设计环境气温时，需投入辅助水冷，本冷却系统配置两台闭式冷却塔用于辅助水冷。当室外环境温度到达极端环境最高温度 38℃，空冷器周围的空气温度还可能会升高，在温度效应为 3℃时，空冷器进风温度为 41℃，此时空冷器可以满足调相机冷却要求。

闭式冷却塔通常由换热盘管、换热层、动力传动系统、水分配系统、检修门及检修通道、集水箱、底部滤网等部分组成。

（1）换热盘管。在调相机冷却系统这个特殊的冷却系统里，由于对冷却介质水质要求特别严格，故对换热盘管的材质要求更高。

（2）冷却塔塔体。闭式冷却塔壁板一般采用优质不锈钢板制作，壁板与框架结构的连接采用不锈钢螺栓连接。外壁与框架结构等结合部均采用硬质密封材料填实，以使接缝处具有良好的密封性能，以防止喷淋水渗出冷却塔体。

（3）喷淋回路。喷淋回路主要由冷却塔集水箱、喷淋水泵、喷淋水输送管道及管道附件（阀门、弯头、波纹管等）、喷淋水分配管道、喷头等组成。

第四节　调相机除盐水系统

调相机除盐水系统的功能是为双水内冷调相机的定、转子冷却水和空冷机组的闭式冷却水提供合格的补充水。虽然补水量不大，但是水质要求较高。

一、除盐水系统结构

调相机生水水源通常为地下水或者自来水，依据水源水质，典型的水处理工艺为过滤－超滤（UF）－反渗透（RO）－电除盐（EDI），可将原水制成水质较高的除盐水，水量满足调相机内冷水或闭式冷却水的需要。如图 4－1－13 所示。

典型除盐水系统流程图如下所示：

原水（自来水或地下水）→原水箱→原水泵→叠滤（多介质过滤）→超滤装

置→超滤水箱→反渗透给水泵→一级保安过滤器→一级高压泵→一级反渗透装置→二级高压泵→二级反渗透装置→反渗透水箱→电除盐（EDI）给水泵→EDI保安过滤器→EDI装置→除盐水箱→定、转子水系统（或闭式冷却水系统）。

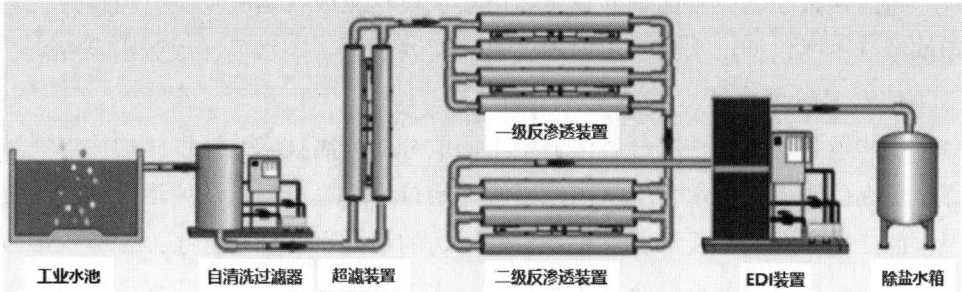

一级反渗透装置

工业水池　　自清洗过滤器　超滤装置　　　二级反渗透装置　　　EDI装置　　除盐水箱

图 4 - 1 - 13　除盐水系统示意图

二、主要设备配置

1. 自清洗过滤器

目前调相机除盐水系统常用的自清洗过滤器的类型包括叠片过滤器和全自动多介质过滤器。叠片过滤器通过互相压紧的表面刻有沟纹的塑料叠片实现表面过滤与深度过滤的结合。其正常工作时，叠片通过弹簧和进水压力压紧，压差越大，压紧力越强，从而保证了自锁性高效果。当叠片之间的沟纹累积大量杂质后，过滤器装置通过改变进出水流方向，自动打开压紧的叠片，并喷射压力水驱动叠片高速旋转，通过压力水的冲刷和旋转的离心力使叠片得到清洗。然后再改变进出水流向，恢复初始的过滤状态。多介质过滤器是利用两种以上过滤介质，在一定的压力下把浊度较高的水通过一定厚度的粒状或非粒材料，从而有效的除去悬浮杂质使水澄清的过程，常用的滤料有石英砂、无烟煤等。

2. 超滤装置

超滤（Ultra - filtration，UF）是一种能将溶液进行净化和分离的膜离技术。它以超滤膜为过滤介质，以膜两侧的压力差为驱动力，以机械筛分原理为基础的一种溶液分离过程，即含有杂质的水源在压力作为驱动力的作用下，根据膜分离层孔径的不同，大于膜孔径的物质被膜截留下来，小于膜孔径的物质通过膜，这样达到分离的目的。超滤膜去除的物质有水中的微粒、胶体、细菌、热源和各种大分子有机物，小分子有机物、无机离子则几乎不能截留。超滤膜一般选用低压中空纤维，具有适用原水范围广、成本低、占地面积小、抗污染能力高、除浊性能可靠、可去除 CODcr 及截留部分细菌的功能等特点。

超滤装置配套完整的辅助设施，可实现自动完成投运→反洗→投运过程。超滤系统主要包括给水泵、保安过滤器、超滤装置、产水箱、反洗水泵等。

3. 反渗透装置

反渗透是利用半透膜分离溶液中不同成分的分离技术，通过施加比溶液渗透压更高的压力，使水分子从高浓度溶液通过半透膜流向低浓度溶液，从而实现水的净化和分离。反渗透过程是自然渗透的逆过程，利用水泵为含盐水溶液施加压力，以克服其自然渗透压，从而使水透过反渗透膜，而将水中溶解盐类等杂质阻止在反渗透膜的另一侧。为防止原水中溶解盐类杂质在膜表面聚焦，运行时浓水不断地冲洗膜表面并将浓水中及膜面上的杂质带出，继而实现反渗透除盐净化的全过程。它可以截留几乎所有的溶解性盐分和分子量 100 以上的有机物，而只允许水分子通过。

为增大反渗透膜的过滤面积，通常采用卷式反渗透膜元件，反渗透给水从膜元件端部引入，给水沿着膜表面平行的方向流动，被分离的产品水垂直于膜表面，透过膜进入产品水膜袋。如此形成一个垂直、横向相互交叉的流向，膜元件水流及结构示意图如图 4-1-14 所示。

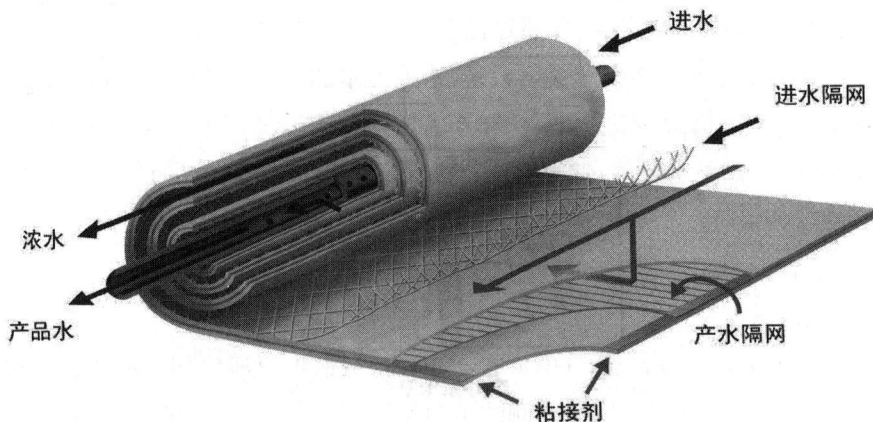

图 4-1-14 卷式反渗透膜元件结构图

反渗透膜元件安装在压力容器中，每个压力容器可安装一支或多支膜元件。膜元件之间采用内连接件连接，膜元件与压力容器端口采用适配器连接，压力容器端口采用支撑板、密封板支撑密封。具体如图4-1-15所示。

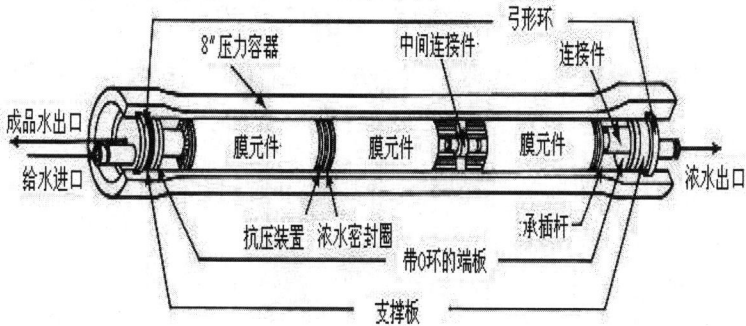

图4-1-15 膜组件结构图

除盐水系统的反渗透通常选用两级反渗透，包括升压泵、一级保安过滤器、一级高压泵、一级反渗透膜组件、（缓冲水箱）、二级高压泵、二级反渗透膜组件、反渗透产水箱、反渗透冲洗水泵。

4. 电去离子装置（EDI）

EDI技术是离子交换和电渗析技术相结合产物，因此EDI除盐机理具有很强的离子交换和电渗析工作特征。

离子交换除盐过程：水中离子和离子交换树脂上的功能基团所进行的等电荷反应。它利用阴、阳离子交换树脂上的活性基团对水中阴、阳离子的不同选择性吸附特性，在水与离子交换树脂接触的过程中，阴离子交换树脂中的氢氧根离子（OH^-）同溶解在水中的阴离子（例如Cl^-等）交换，阳离子交换树脂中的氢离子（H^+）同溶解在水中的阳离子（例如Na^+等）交换，从而使溶解在水中的阴、阳离子被去除，达到纯化的目的。

电渗析脱盐过程：电渗析技术利用多组交替排列的阴、阳离子交换膜，这种膜具有很高的离子选择透过性，阳膜排斥水中阴离子而吸附阳离子，阴膜排斥水中的阳离子，而吸附阴离子；在外直流电场的作用下，淡水室中的离子做定向迁移，阳离子穿过阳膜向负极方向运行，并被阴膜阻拦于浓水室中；阴离子穿过阴膜而向正极方向运动，并被阳膜阻拦于浓水室中；从而达到脱盐的目的。

EDI 脱盐过程：EDI 的核心实际上就是在电渗析的淡水室填装了阴、阳离子交换树脂，示意图如图 4-1-16 所示。

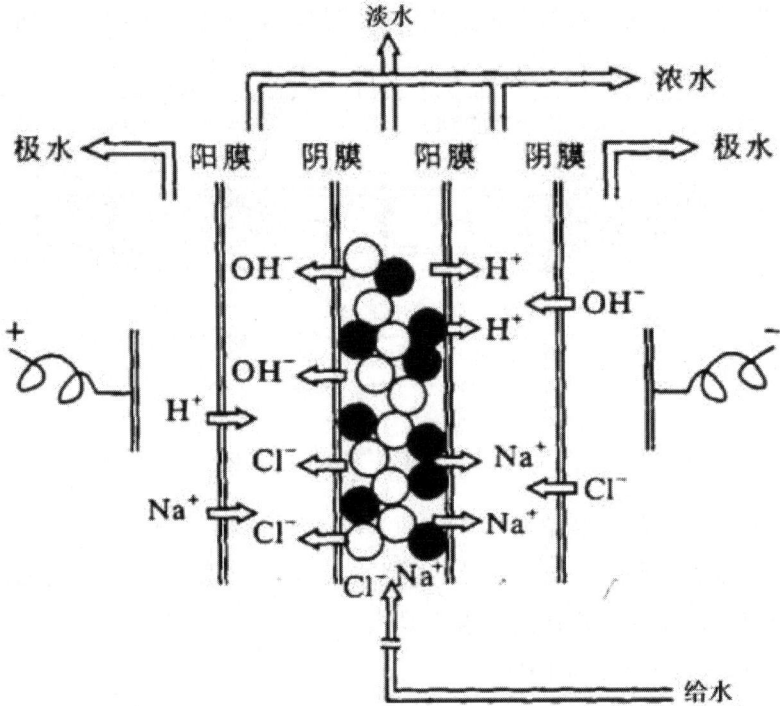

图 4-1-16　EDI 工作原理

EDI 系统主要包括升压泵、保安过滤器、EDI 装置。

5. 加药系统

根据除盐水系统工艺的不同，加药系统添加药剂通常包括杀菌剂、阻垢剂、还原剂和氢氧化钠。

若除盐水系统水源为地下水，在自清洗过滤器前加杀菌剂可防止超滤和反渗透膜元件受细菌和微生物污染。为了防止反渗透膜元件被氧化，故经过预处理的水在进入反渗透装置之前需控制余氯，从而需投加适量的还原剂。为防止 Ca、Mg、SiO_2、Sr、Ba 等物质在反渗透膜元件浓水侧产生结垢，故经过预处理的水在进入反渗透装置之前需投加适量的阻垢剂。二级反渗透进水加氢氧化钠，提高进水 pH 值在 8~9，使进水中二氧化碳形成碳酸盐，提高反渗透膜的脱盐率。

6. 清洗装置

随着运行时间的增加或偏离最佳工况运行时间较长，除盐水系统的超滤、反渗透、EDI 膜元件和管路可能会发生微生物、有机物、金属氧化物引起污染或结垢。除盐水系统配备有独立的清洗装置，以备对超滤装置、反渗透装置、EDI 装置进行化学清洗。

7. 系统管道及仪器仪表

整个系统的管道设计应避免死角，以防细菌的滋生；装置本体及管道宜采用 SS304L 不锈钢材质；膜组件给水系统应考虑均匀性。所有自动阀门应采用电动门；过滤器进出水、反渗透出水、EDI 出水选用不锈钢阀门；由于反渗透采用变频调节，反渗透给水泵出口不再另行设置电动慢开蝶阀。除盐水系统的仪表包括压力表、流量表、液位计、温度计、电导率表、pH 表、浊度表、氧化还原电位（ORP）表等，在线化学仪表用以检测除盐水系统各设备的水质。仪表的配置可满足整个工艺范围内化学水处理系统设备安全、经济运行和监视、控制、经济核算的要求。仪表应满足工艺系统控制的要求，远程控制的阀门均采用电动阀门，电动执行机构随阀门提供。

第二章 技 能 实 践

第一节　调相机内冷水系统的运行维护

一、内冷水系统的巡视检查和维护（适用于双水内冷调相机组）

（1）内冷水电导率、pH 值及溶氧量运行值合格，水质应符合《大型发电机内冷却水质及系统技术要求》（DL/T 801）的规定，并定期进行排污或反冲洗。

（2）定、转子冷却水压力、流量、温度正常，水箱液位正常。

（3）定、转子冷却水供水系统管道、阀门无漏水现象。

（4）定子加碱装置、转子膜碱化水处理装置工作正常。

（5）内冷水泵运行电流、压力、振动、温度等正常。

（6）内冷水过滤器压差正常。

二、外冷水系统巡视检查与维护

（1）各外冷水用电控柜运行指示灯正常，后台无报警。

（2）循环泵、喷淋泵、加药泵、加碱泵、补水泵、电动滤水器等设备运行电流、出口压力、振动、温度等正常。

（3）冷却塔风机投退符合运行逻辑。

（4）冷却塔集水箱无渗漏，水位正常，外冷水系统管道、阀门无漏水。

（5）调相机空冷器、内冷水冷却器、润滑油冷却器水流量、温度正常。

（6）外冷水系统压力、流量、温度表计指示正确，化学仪表工作正常。

三、除盐水系统的巡视检查和维护

（1）生水箱、除盐水箱等储水设施液位正常。

（2）各电控柜运行指示灯及表计显示正常，后台无故障告警。

（3）管路、阀门、表计无漏水，各设备进出水量、水质和压差正常。

（4）水泵运行正常。

（5）各制水环节流量计、压力表指示正常，除盐水系统化学仪表正常。

四、其他维护项目

（1）定期检查内、外冷及除盐水系统水处理所需的各种药品使用情况，保证药量充足。

（2）定期检查内、外冷及除盐水系统各水泵轴承箱的油位情况，保证润滑油（脂）用量充足。

（3）定期检查内、外冷及除盐水系统各水过滤器中的滤芯情况，必要时更换滤芯。

（4）定期检验与维护内、外冷及除盐水系统的化学仪表。

（5）根据水质监测情况，定期对内、外冷水进行排污及补水。

第二节　调相机水冷系统检修

水冷系统检修工作按照调相机组检修周期开展。检修项目及其质量要求，按照调相机 A 级检修或 C 级检修执行，具体参见 Q/GDW 11937《快速动态响应同步调相机组检修规范》具体规定。

一、外冷水系统检修

（一）检修设备范围

外冷水系统检修内容包含水泵（包括循环泵和补水泵）和驱动电机、电动滤水器、软化装置、离子交换器、管道加热器、空气冷却塔、机力通风冷却塔、蒸发冷却器、控制柜（包括接线盒）、阀门、管路和支架、仪器仪表、加药装置、工业水池、循环水池、潜水泵的检修。

（二）修后水质控制要点

外冷水系统检修后应对原水水质进行全分析，根据水质变化调整后期运行工况。同时，应按照《调相机检修导则　第 3 部分：辅机系统》DL/T 2078.3

中的有关规定检测外冷却水的水质，开式外冷水和工业水应检测 pH 值、电导率、浊度、碱度、硬度、钙离子、镁离子、氯离子、化学需氧量（COD）等，闭式外冷水应检测 pH 值、电导率、硬度，检测方法应按照 DL/T 2078.3 中的有关规定执行。

二、内冷水系统检修

（一）检修设备范围

内冷却水系统检修内容包含水泵和驱动电机、定转子水冷却器、过滤器、定转子水箱、阀门、管路和支架、仪器仪表、控制柜（包括接线盒）、定子水加热器、氮气稳压装置（如有）、定子水加碱装置、转子水处理装置、离子交换器的检修。

需要注意的是，调相机内冷水设备均与 DCS 热控系统紧密相连，且水泵、水箱液位、管路压力、水流量等之间存在联锁或跳机逻辑，检修工作应充分考虑其影响，避免工序冲突或联锁动作引发意外事件。

（二）修后水质控制要点

内冷水系统检修后应按照 DL/T 801 中的有关规定检测内冷却水的 pH 值、电导率、铜离子和定子水溶解氧，检测方法应按照 DL/T 2078.3 中的有关规定执行。

三、除盐水系统检修

（一）检修设备范围

除盐水系统检修内容包含叠滤（或同功能过滤器）、超滤、保安过滤器、反渗透、电除盐（EDI）、控制柜和端子箱、仪器仪表、水泵和驱动电机（包括高压泵）、加热器、加药装置、水箱（含呼吸器）、阀门、管路和支架、排污系统的检修。

（二）修后水质控制要点

除盐水系统检修后应对原水水质进行全分析，根据水质变化调整后期运行工况。同时，应按照 DL/T 2078.3 中的有关规定检测超滤产水浊度、反渗透进水淤泥污染指数（SDI 值）、除盐水电导率，检测方法应按照 DL/T 2078.3 中的有关规定执行。

第三节　调相机水冷系统试验

一、外冷水系统试验

外冷水系统主要试验项目有循环泵切换、冷却塔逻辑控制、水温自动调节、自动补水及水质控制等。

（一）循环水泵切换试验

为了验证循泵事故切换以及周期切换的准确性，设备检修后需进行循环水泵切换试验，从而保障外冷水系统可靠稳定运行。按规程投入 2 用 1 备循环水泵，模拟周期切换、事故切换工况，验证循环水泵切换正常，要求循环水泵切换过程中外冷水压力、流量能保持稳定，不应产生异常告警信号，切换逻辑验证正确。

（二）循环水泵双电源切换试验

为了验证循泵双电源的可靠性，检修后应进行循环水泵双电源切换试验，从而保障外冷水系统可靠稳定运行。首检时可以加测循泵的惰走曲线，结合逻辑切泵的延迟时间和母管压力变化曲线，判断双电源切换延迟时间的准确性，必要时调整，防止母管压力低以及循泵电源空开跳开的情况出现，保障外冷水系统和相关设备运行的安全性和可靠性。按规程开展站用电切换延时测定（t_1）、循泵电机惰走延时测定（t_2）、循泵双电源切换延时测定（t_3）、故障切泵延时测定（t_4），根据测量的各延时时间参数，调整自动切换装置切换延时（t_3），确保 $t_2 < t_3$ & $t_4 < t_3$ 即双电源切换时间应大于电机惰走时间和故障切泵时间。

（三）风机启动和切换试验

检修结束后，应验证外冷水冷却系统风机运行的可靠性，需进行风机启动和切换试验。按规程在风机工频和变频（如有）模式下，模拟风机故障及单电源工况，要求风机及电源正常切换，无异常告警信号。

（四）水温调节试验

检修结束后，应验证外冷水冷却系统的水温调节可靠性。当外冷水温度不高时（一般为循环水泵出水母管温度），现场可以强制该温度超过高限，观察冷却塔风机是否按照逻辑设定正常启动（闭式冷却塔还需观察喷淋泵是否正常启动），正常运行 10min 后解除温度强制，观察风机（闭式冷却塔还有喷淋泵）是否正常停止。

（五）补水泵补水试验

外冷水系统检修结束后，应验证补水泵的补水逻辑。当补水泵关联液位低时应正常自动启动补水泵，液位满足设定值时应自动关闭补水泵。对于有备用补水泵的外冷水系统，还需验证事故切泵逻辑。

（六）水质控制调节试验

外冷水水质不满足要求会直接导致设备的结垢和腐蚀，所以检修结束后应进行水质控制调节试验。开式外冷水系统一般通过控制外冷水的电导率来实现水质的控制，试验需验证关联阀门的启停逻辑是否正确执行。对于闭式冷却水系统，水质的要求更为严格，包括主管路冷却水水质和喷淋水水质。闭式外冷水水处理装置的出水电导率和 pH 值等按照要求调整到位。

二、内冷水系统试验

调相机定子内冷水系统和转子内冷水系统主要试验项目有内冷水泵切换、冷却器切换、水温自动调节、自动补水及水质控制等。

（一）内冷水泵切换试验

内冷水泵切换试验是模拟周期切换及故障工况下内冷水泵动作及系统参数变化情况的试验，内冷水系统正常运行，内冷水泵连锁投入，分别模拟周期切泵、故障切泵两种工况，要求内冷水泵切换过程中内冷水压力、流量能保持稳定，不应产生异常告警信号。

（二）内冷水水质控制调节试验

内冷水水质控制调节试验是检验内冷水处理系统对水质控制效果的试验，适用于定子内冷水系统和转子内冷水系统。定、转子冷却水系统运行中，投入定冷水离子交换器、定子加碱装置、转冷水膜碱化装置，要求内冷水电导率测量值接近设定值，并保持稳定。定冷水电导率小于 $2.0\mu s/cm$，pH 值为 8.0～9.0；转冷水电导率小于 $5.0\mu s/cm$，pH 值为 7.0～9.0。

（三）冷却器水压试验

冷却器水压试验主要为检验冷却器密封性能，提早发现设备隐患，避免运行过程中出现渗漏。按规程将被试冷却器注满水，保压时间不小于 30min，压力下降不高于 0.05MPa，水压试验过程中，板式冷却器无渗漏，无异常响声和可见变形。

（四）冷却器切换试验

内冷水系统需定期开展冷却器切换试验，防止某冷却器长期不运行导致异常。按相关规程切换主、备冷却器，内冷水冷却器切换过程中内冷水压力、流量能保持稳定，无渗漏，不应产生异常告警信号。

（五）主过滤器切换试验

内冷水系统主过滤器切换试验主要为检查主过滤器及相关阀门工作状态是否正常以及配合过滤器检修或消缺工作开展。按规程切换内冷水系统主过滤器，切换过程中内冷水压力、流量能保持稳定，无渗漏，不应产生异常告警信号。

三、除盐水系统试验

除盐水系统主要试验项目除盐水制水顺控、反冲洗逻辑、原水自动补水及各工序水质自动控制等。

（一）除盐水系统性能试验

调相机除盐水制备系统在检修后对超滤、反渗透、EDI 装置系统性能是否达到预定的使用要求进行试验，以供后期的正常运行提供参考，提高膜系统运行的稳定性。试验采用人工就地启动及膜系统自启情况下，投运超滤装置、反渗透装置和 EDI 装置，依据标准记录各子系统压力、流量以及水质参数，并校核相关数据。

（二）除盐水系统控制逻辑试验

确认各类设备电气保护连锁和热工控制信号及 DCS 系统正确性，设置各类热控参数，进行超滤、反渗透、EDI 系统程控联调，检验系统设备整套启动的功能，确保除盐水系统及设备能够安全正常运行。

第四节 水冷却系统典型案例分析

一、转子水流量低告警故障

（一）故障描述

2019 年 9 月 13 日 20 时 56 分，某站 1 号机组在运行状态下，DCS 后台报"1 号机转子线圈进水流量低跳机 3"保护动作信号，事件发生当时 1 号机转子冷却水泵由 A 周期切换至 B 时，DCS 发"转子线圈进水流量低跳机 3"报警信号，瞬时复归。

（二）原因分析

调相机转子线圈断水保护装置由一个流量变送器和三个相同报警值的差压开关组合而成，分别用于在线监视转子主水路进水流量和发出"调相机转子线圈进水流量低"信号，该信号进入 DCS 进行"三取二"逻辑判断（见图 3-2-1），当调相机转速>2850r/min 且同时两路差压开关动作（差压≤30.72KPa）并持续 30s，跳机保护动作。如图 4-2-1 所示。

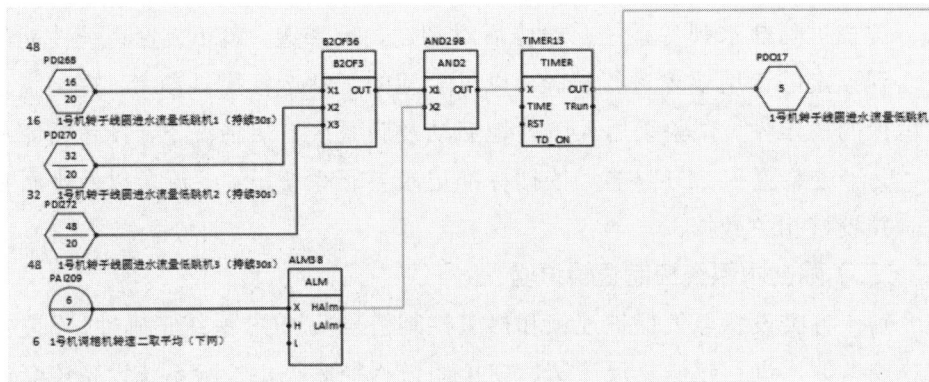

图 4-2-1 断水保护逻辑图

根据事件报文显示，2019 年 9 月 13 日 20 时 56 分 13 秒，后台突然报"1 号机转子线圈进水流量低跳机 3"动作信号，并在 0.1 秒钟后自动复归。

检修人员通过 DCS 后台调曲线趋势显示，20 时 56 分 12 秒至 20 时 56 分 14 秒，当差压开关动作时，1 号机转子线圈进水流量稳定在 47.35m³/h，1 号机转子线圈进水差压稳定在 49.25kPa（保护动作定值 30.72kPa），模拟量显示数值均无异常（见图4－2－2）。

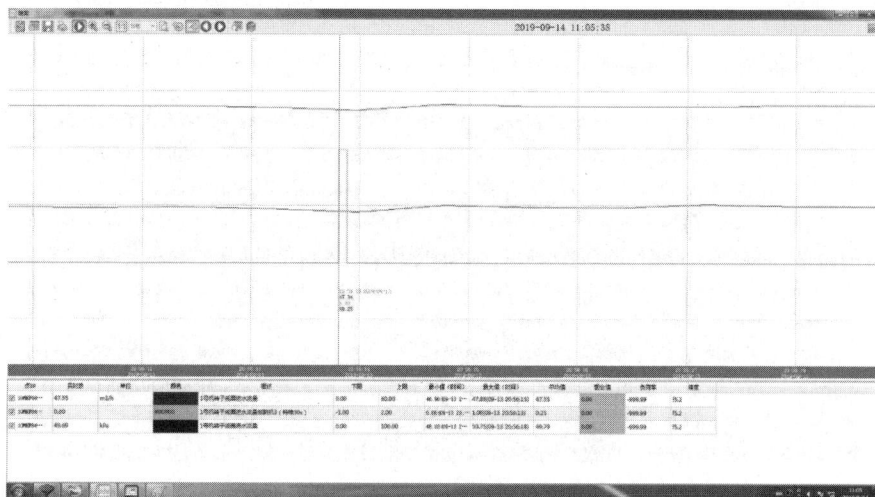

图4－2－2　流量信号曲线

9月13日，检修人员对"1号机转子线圈进水流量低跳机3"信号回路进行检查，检查接线无松动现象，差压开关接头无渗漏，怀疑仪表引压管路内部有残余空气，故将其差压开关管路进行持续排污，以便后续观察。

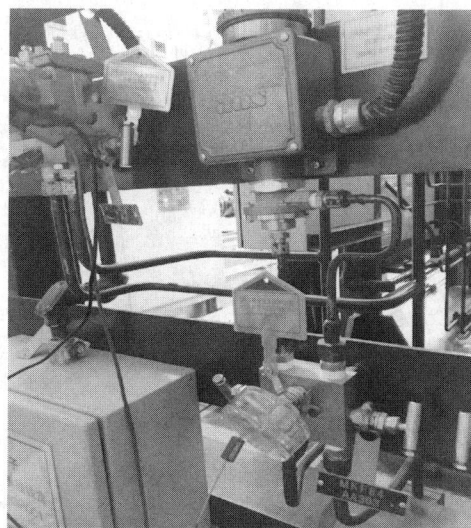

图4－2－3　现场检查图片

9月15日，"1号机转子线圈进水流量低跳机3"报警信号再次跳变并后续频繁出现（如图4-2-4），怀疑仪表故障，与上海电气多次沟通，被告知无备件可供替换。

图4-2-4　后台报警画面

（三）处理措施

9月26日，检修人员再次对"1号机转子线圈进水流量低跳机3"仪表本体及信号回路进行检查，测量接线电缆绝缘，结果良好，分析差压开关本体第一个节点异常存在误动可能，并考虑差压开关有两个常闭接点，在无备件可供替换情况下，暂时决定把接线方式改为第二个常闭结点使用。更换接点后，未再出现同类告警情况。如图4-2-5所示。

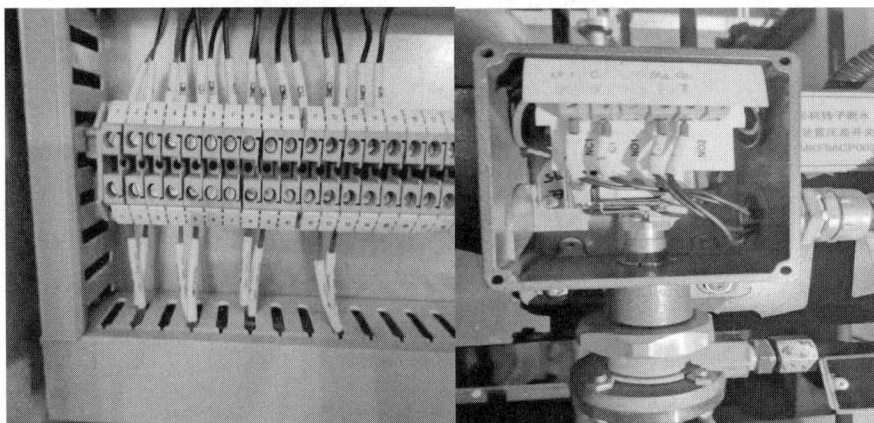

图4-2-5　现场检查图片

二、电动滤水器持续排污导致水池液位低故障

（一）故障描述

外冷水循环泵出口压力低报警，平衡水池水位低报警。

（二）原因分析

2018 年 12 月 20 日 10 时 40 分，某站 2 台外冷水电动滤水器排污启动，外冷水循环泵出口压力低报警，电动滤水器排污阀无法关闭，外冷水大量泄漏，5 分钟后平衡水池水位低报警。

（1）现场检查情况。现场检查外冷水界面时发现电动滤水器为灰色状态（无信号），后台除报外冷水母管压力低外无其他信号，该信号为电动滤水器清洗开启时的正常信号，此时外冷水缓冲水池水位明显下降，2 号机外冷水电动滤水器排污此时也已开启，并且此时后台 2 号机外冷水电动滤水器显示也为灰色（无信号），两台滤水器排污阀均为半开状态，外冷水大量泄漏中，后台发平衡水池水位低报警，现场立即手动关闭电动滤水器排污阀，外冷水泵出口压力低报警同时消除，此时距离第一次报警发出 5min 左右，缓冲水池液位已降低至 900mm（由于传感器安装位置有缺陷，实际水量约为水池 1/2，此缺陷后来已消除），经过一段时间补水后，平衡水池水位低报警消除，现场临时将电动滤水器反洗排污改为手动模式。

（2）DCS 程序分析。2018 年 12 月 19 日，由于运行人员提出电动滤水器排污阀门无法关严，外冷水长期泄漏缺陷，电动滤水器厂家到现场，将阀门限位进行调整，阀门可正常关闭无泄漏，同时调整电动滤水器排污时间为 120s，此缺陷闭环，而此次消缺为外冷水泄漏埋下了隐患。

经多次调试发现，此次缺陷由外冷水电动滤水器 PLC 设置程序与 DCS 程序冲突导致。如果该情况一直持续将在很短的时间内造成外冷水短缺，导致调相机无法散热，直至跳机。

后台 DCS 只接收现场 PLC 阀门开关信号及减速电机运行信号，在减速电机运行超过 130s 后，DCS 判断减速电机故障，关闭排污阀门，由于维保人员在 12 月 19 日将排污时间设置为 120s，开关阀门时间超过 10s，导致后台 DCS 判断阀门故障，发出自动关阀门指令，现场 PLC 在指令执行中无法接受 DCS 指令，程序冲突，阀门停止关闭出现 12 月 20 日外冷水泄漏事件。

南瑞 DCS 程序中设置有 130s 强制关闭程序（见图 4-2-6 红框）。

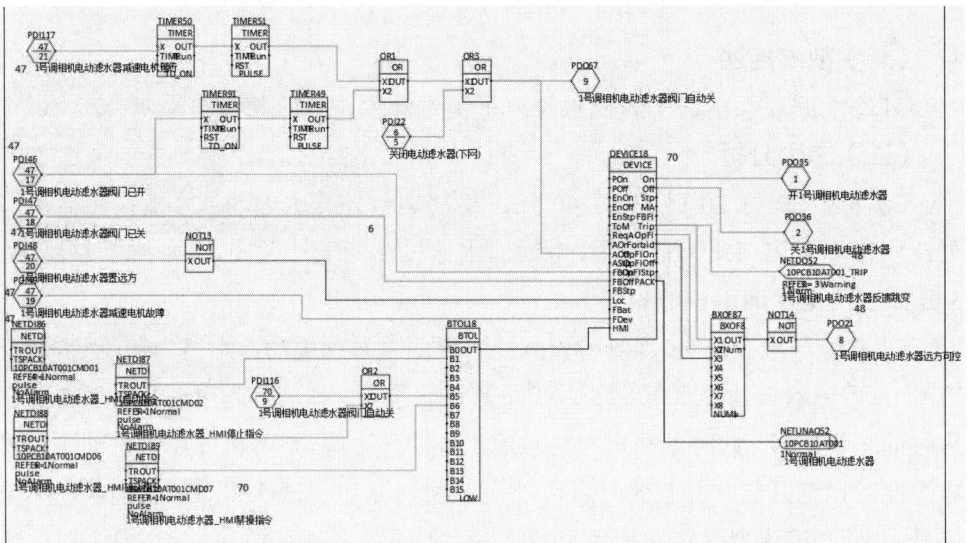

图 4-2-6 DCS 反洗程序逻辑流程图

如滤水器设置反洗超过 130s 后，DCS 会给予滤水器强制关闭命令，强制停止阀门及减速机。而滤水器设置自我保护功能（因滤水器设置特殊性，内部排污斗需严格密封，当排污斗在旋转过程中如出现阀门关闭，会导致水震且发生旋涡，对排污斗有吸附变形作用，时间长会导致排污斗变形从而设备损坏。为了保护排污斗，对 PLC 设置程序，必须先关闭减速机，且间隔 5s 后发出阀门关闭命令，该指令为强制指令)，而 DCS 给予指令后，PLC 出于保护机制，5S 后才去关闭阀门，所以 DCS 已经超过设定时间，继而出现"失联"现象，该情况已得到现场试验见证。

（三）处理措施

（1）在电动滤水器排污电动阀后端管路上增加一个手动阀门，避免电动排污阀故障时持续排水引起喷淋池水位急剧下降。

（2）在电动滤水器阀后排污管内增加一个收口限流漏斗孔板，将原有直径100mm 排污管平滑缩口为 50mm 直径，为故障情况下处理争取更多时间。

（3）增加外冷水平衡水池液位快速变化告警信号，增加电动滤水器排污阀长期打开告警信号，提醒值班员异常情况及时处置。

第五篇

调相机油系统

第一章 理 论 知 识

第一节 调相机油系统概述

一、油系统主要功能

大型调相机油系统一般采用 46 号汽轮机油（也称润滑油），整个油系统为集装装置设计，主要实现以下功能：

（1）为调相机轴瓦提供润滑、冷却油；

（2）为盘车装置提供润滑油；

（3）盘车时提供高压顶轴油；

（4）通过润滑油冷却器带走轴瓦摩擦产生的热量；

（5）润滑油油循环净化；

（6）润滑油进油温度控制、压力监测、油位监测、母管压力低保护等；

（7）通过贮油箱和输送泵实现对主油箱的补排油。

二、油系统主要技术参数

调相机转子作为高速旋转的大型部件，在系统工作时，必须对安装在转子端部的滑动轴承提供强制润滑油液，使转子与轴瓦间形成连续稳定的油膜以防止转子与轴瓦间发生直接摩擦而烧瓦，影响整个主机的运行。同时，由于转子的热传导、表面摩擦以及油涡流会产生相当大的热量，为了始终保持油温合适，必须用较低温度的润滑油液来进行换热，带走该部分热量。针对这种工况，调相机油系统需要配置低压润滑装置，为滑动轴承提供强制润滑冷却油液；配置高压顶轴装置，在系统启动时，将转子强制顶起，保证转子与轴承间的必要间隙以容纳油膜，防止烧瓦。

油系统主要技术参数如表 5－1－1 所示。

表 5－1－1　　　　　　　油 系 统 参 数

序号	项目	单位	数值
1	轴承润滑油进口温度	℃	45～50
2	润滑油牌号	—	46 号润滑油
3	轴承润滑油出口温度	℃	＜70
4	非出线端轴承润滑油流量	L/min	460
5	出线端轴承润滑油流量	L/min	360
6	润滑油进油压力	MPa	0.08～0.12
7	非出线端顶轴油流量	L/min	10
8	出线端顶轴油流量	L/min	10
9	顶轴油压力	MPa	10～12
10	盘车润滑油量	L/min	15
11	盘车润滑油压力	MPa	0.10～0.15
12	板式冷却器冷却水升温	K	≤7

三、油系统流程简图及主要部套件

油系统集装装置图如图 5－1－1 所示。

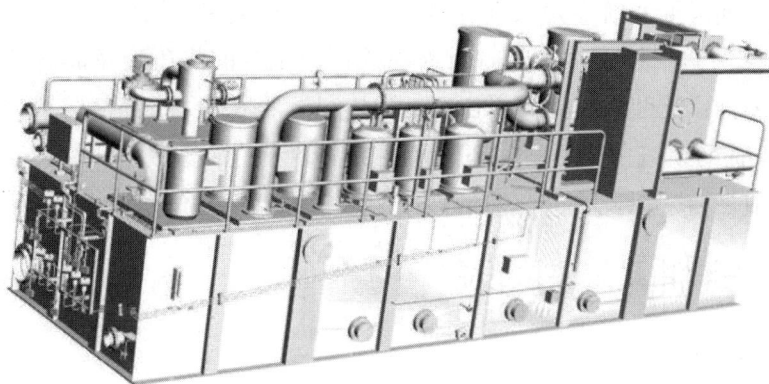

图 5－1－1　油系统装置集成模型图

润滑油系统主要套件如表 5－1－2 所示。

表 5-1-2 润滑油系统主要设置

序号	设备名称	数量
1	主油箱	1 台
2	润滑油交流油泵	2 台
3	润滑油直流油泵	1 台
4	顶轴油交流油泵	2 台
5	顶轴油直流油泵	1 台
6	润滑油冷却器	2 台
7	润滑油过滤器	2 台
8	油净化装置	1 台
9	输送泵	1 台（排油）+1 台（补油，全站共用）
10	贮油箱	1 台（全站共用）
11	抽油烟风机	2 台
12	监测仪表	1 套

第二节 大型调相机油系统主要组成及配置

一、油系统主要组成

调相机润滑油系统由两大部分组成：润滑油集装装置及辅助系统。润滑油集装装置提供调相机正常运转时所需要的顶起主轴的高压油及润滑冷却轴承的低压润滑油；辅助系统主要指由贮油箱、润滑油输送泵、净油装置等构成的辅助系统，辅助系统主要用于保证润滑油集装装置的油箱液位和润滑介质清洁度在控制值之内，以此提升润滑油系统的运行可靠性并延长其运行寿命。

二、润滑油系统主要设备

（一）主油箱

主油箱为一个大型的碳钢容器，调相机所需的全部润滑油、顶轴油和盘车马达用油全部储存在这个容器内。润滑油泵、电加热器、液位变送器、测温元件等均装在主油箱上；在油箱外部，各种泵的出口用管道连接到相应的供油总管上。主油箱大小考虑油系统循环倍率 8～12，并满足紧急的惰转时间用油量。

主油箱安装油温检测仪表，当油温低于 20℃投入电加热器，温度高于 35℃切断电加热器。油箱加热器带极限温度保护装置，防止油局部碳化。

（二）润滑油泵

润滑系统设置两台交流离心泵互为备用，一台直流离心泵作为事故油泵。泵装置整体采用立式安装，泵吸油口位于主油箱液位低低报警值以下，避免吸空，且工作时无需对泵壳充油；泵吸油口自带滤网，防止大颗粒度杂质进入系统，对元件造成不可逆的影响；离心泵属于变量泵，当主机用油量发生变化时，离心泵具有自适应调节供油流量的功能；离心泵转动惯量较小，为快速的启停机提供了有利条件。各个油泵出口都安装有逆止阀用以防止油从系统中回流。

（三）顶轴油泵

顶轴油系统设置两台交流柱塞泵互为备用，一台直流柱塞泵作为事故油泵，泵装置整体采用卧式安装，柱塞泵从润滑油母管吸收润滑油，通过高压顶轴油将轴颈顶起。

（四）润滑油冷却器

润滑油冷却器采用进口品牌板式冷却器，换热效率高，使用安全可靠，结构紧凑占地小。润滑油冷却器采用一用一备的运行方式，满足冷却器检修维护要求。在某些特殊工况下，两台冷油器也可同时运行。冷油器与主、辅交流润滑油泵出口后的温度调节阀连接，这样润滑油在进入轴承前一部分经过冷油器一部分不经过冷油器，因而冷油器出口油温是可调节的。正常情况下调整到在进油 60～65℃时，冷油器出口温度为 45～50℃。

（五）润滑油过滤器

润滑油系统过滤器采用双筒过滤器，一用一备。切换阀采用球阀，有效减少阀门内漏。切换时采用旁通阀的设计，切换前对待用滤筒进行充油，可防止瞬间冲击，不影响系统油压。过滤器设置排污口，减少系统污染。

过滤器作为润滑油系统控制油液清洁度的重要部件，其过滤能力主要体现在两个方面：一是过滤性能，二是通流能力。以沂南站为例，过滤精度为 10μm，滤芯采用防静电设计。过滤器两端设置压差开关，实时反映设备运行状况。

（六）蓄能器

为了保证润滑系统能够连续稳定地为轴承供油，必须保证在任意工况下，润滑装置不能出现断流情况。通过对润滑系统进行特性分析，润滑系统在主备用泵切换及交直流泵切换时会出现断流现象，针对这种情况，在系统设计时考虑在润滑供油路上增加皮囊式蓄能器作为辅助动力源以彻底解决该问题。

（七）油净化装置

油净化装置用来去除润滑油中的水，固体粒子和其他杂质。从而使过滤后的油质满足机组运行要求，确保机组安全运行，延长润滑油的寿命。油净化装置可以对主油箱和贮油箱分别进行油净化。

（八）贮油箱和输送泵

贮油箱由净油室和污油室两部分组成，在油系统中的主要作用是用来贮存油液，其中净油室贮存经过净化之后的合格油，污油室为未经净化或者已经使用过的不合格油。净油箱和污油箱上分别配置有电加热器、磁翻板液位计、压力计、温度计、空气滤清器、放油球阀、排污球阀。

在主油箱液位低时，补油输送泵将净油箱的油直接补到主油箱中；或者将污油箱的油通过油净化装置补到主油箱。在主油箱排油时，如果油质较好，可将主油箱中油液通过排油输送泵排到净油箱；如果油质较差，可将主油箱中油液通过排油输送泵排到污油箱。

（九）排油烟风机

排油烟装置可排出来自润滑油系统的气体（油烟气和空气），并可防止从转子油封排出的油雾进调相机机房。排油烟装置装于油箱顶部，运行时，排烟风机在这个区域和连结这个区域到调相机轴承座的回油管中产生一个负压，把油箱内和轴承端的油雾吸出，经过油烟分离器分离后的油返回油箱，烟气经排烟管道排除。

第三节　大型调相机油系统所用油质的特性

油系统所用油为汽轮机油（润滑油），它是从石油中提炼加工而成的烃类混合物。润滑油的特性是在特定试验条件下所表现出的物理、化学性能，其特性指标均是条件实验下的结果。

需要指出的是，因为油品是烃类的混合物，不是单质物质，因此本章中所提到的油品特性与传统上的物理、化学特性有着本质的差别。

润滑油的物理化学性能指标是验收新油和监督指导安全运行的依据，因此油务监督人员必须掌握润滑油的相关标准，并了解相应物理化学指标在应用上的作用和意义。

一、现行技术规范

我国现行标准有 GB 2537 和 GB/T 11120，这两个标准中提及的油品均是用精制矿物基础油调和而成。前者在调和时加入了"T501"抗氧化添加剂，属于普通润滑油；后者在调和时，除了添加"T501"抗氧化剂外，还添加了防锈剂，属抗氧化、防锈润滑油。

GB2537 标准按照 50℃时运行黏度的中心值，将新油分为 HU－20、HU－30、HU－40、HU－45、HU－55 五个牌号。电力系统常用的是 HU－20、HU－30 两个牌号的新油。

GB/T11120 标准按照油品 40℃时的运动黏度中心值，将其划分为四个牌号。其中每个牌号按油品的泡沫性、抗氧化安定性及空气释放值等指标上的差异又细分为优级品、一级品和合格品三个等级。调相机油系统中最常采用的是 46 号汽轮机油（润滑油）。

二、油的基本特征

为了对调相机中所用润滑油性能有更为深刻的了解，在此简要介绍下几个主要技术指标及在实际应用上的意义。

（一）颜色和透明度

石油产品的颜色是石油产品的一项通用外观指标，它主要取决于其所含沥青、树脂及其他杂质化合物的含量。

对新油来说，颜色直接反映了油品加工精制的深度。一般来说，油品的颜色越深，说明其不稳定、不良组分杂质化合物的含量越高，油品加工精制的深度越低；反之，油品加工精制的深度越高。深度精制的油品的颜色浅，适度精制的油品颜色深，催化加氢的产品呈水白色。

对运行油来说，颜色的变化表明了在运行环境下油品老化、裂化和受污染的程度。通常，石油产品的颜色在运行使用中有一个由浅变深的过程，这是由于油品中存在的少量不稳定组分被氧化，生成含氧杂质化合物的外观表现。

透明度是鉴定油品受污染程度的外观指标。一般来说，没受污染或受污染程度很低的油品，外观清澈、透明；而受到污染的油品，外观则浑浊不清。

运行润滑油的最主要污染物是水分，当油品被乳化时，就会变得浑浊、不透明。在冬季，有时取出的油品会由透明而变为浑浊，这是因为在运行温度下，油品的溶水能力强，水分呈溶解状态；而油品取出后，因环境温度低，水在油品中的溶解度降低，过量的水分由溶解状态变为游离状态所致。

（二）密度和相对密度

密度的物理定义是单位体积物质的质量，通常用符合 ρ 表示，单位有 kg/m^3、g/cm^3 和 g/mL。

密度是石油产品最常用的物理性能指标。对同一油品，密度与其温度有关，由于油品的体积因温度而改变，故温度高，则密度小；温度低，则密度大。在油品的测定中，规定 20℃ 的密度为标准密度。

对不同油品来说，密度与其组成有关，随其组成中含碳、氧、硫等数量的增加而增大。对于深度精制的同一种润滑油，含芳香烃多的密度大，含环烷烃的居中，含烷烃多的最小。由于密度是油品平均分子量的函数，而分子量与运动黏度和闪点密切相关，所以，黏度大、闪点高的油品，其密度也大，反之亦然。

密度测试条件为 20℃，而相对密度也是在 20℃ 下油的密度与 4℃ 纯水的密度之比，故在我国石油产品指标中，密度和相对密度的数值相同。但两者的概念不同，不能混用。

（三）黏度和黏度指数

黏度和黏度指数都是表征润滑油润滑性能的重要技术指标，是保证设备得到良好润滑的重要参数。

黏度是反映油品内摩擦力，表征石油流动性的指标。在未添加任何添加剂的前提下，黏度越大，油膜强度越高，流动性越差。通常按测定方法的不同，将黏度分为动力黏度、运动黏度和条件黏度三种。目前，国内外润滑油指标中，普遍使用运动黏度。

运动黏度通常用平氏黏度计测量，它是测定在某一恒定温度下，一定体积的油品在重力作用下，流过一个预先标定的玻璃毛细管的时间。毛细管的常数与流动时间的乘积，即为该温度下油品的黏度，以符号 vt 表示，单位为 mm²/s。

黏度指数是表示油品黏度随温度变化程度的指标，通过分别测定某一油品在 40℃和 100℃时的运动黏度，经过计算得到的一个相对值。黏度指数数值越大，表示油品黏度随温度变化越小，即黏温性越好。

油品的黏温性对润滑性能有着重要的影响，因为润滑油在使用过程中，要求其黏度随温度的变化越小越好，即在高温下能保持满足润滑需要的最低黏度；在低温时黏度也不致过高，以免增加设备的能耗。

（四）水溶性酸、碱和酸值

水溶性酸、碱是指油中溶解于水的酸性或碱性物质及其衍生物，一般用pH 值表示。若新油的 pH 值超出 6.0～7.0 的范围，则表明油品精制工艺不当，没有除净馏分油中的酸、碱组分。在油品的储运过程中，水溶性酸或碱的存在，不但会引起设备的腐蚀，而且还会促进油品本身的进一步氧化、劣化。运行中水溶性酸的增高，表明油品开始氧化，因为在油品的老化、氧化初期，产生的往往是低分子有机酸，如甲酸、乙酸等。这些低分子有机酸离子活度高，易溶于水，并对设备有较强的腐蚀作用。

酸值是表示石油产品中含有酸性物质的指标，指中和 1g 油品中的酸性物质所需要氢氧化钾的毫克数，单位为 mgKOH/g。酸值分为强酸值和弱酸值，两者的总和即为通常所说的酸值或总酸值（简写为 TAN）。

碱值是表示石油产品中含有碱性物质的指标，单位为 mgKOH/g。碱值与酸值一样，也分为强碱值和弱碱值，两者的总和即为通常所说的碱值或总碱值（简写为 TBN）。

中和值实际上包括总酸值和总碱值，但在实际应用中，除非另有注明，否则"中和值"仅指总酸值，单位为 mgKOH/g。

新油的酸值很低，几乎为零。对新油而言，酸值的高低在一定程度上表明油品精制程度的好坏，酸值越低，酸性物质越少，油品精制程度越深。油中存在的少量酸性物质基本上都是有机酸、有机酚、脂肪酸及杂质化合物等。

运行油的酸值主要是油品老化、裂化的结果。运行油酸值升高的快慢与油品的组成及其氧化安定性，即油品的精制程度密切相关。一般来说，油品中芳香烃、杂质化合物含量高，油品的氧化安定性就差，油品就易于被氧化，油的酸值升高就快。

另外，运行油酸值升高的快慢还与使用环境条件有关。油品使用温度高、存在催化剂、与氧气（空气）接触面积大都会加速油品的氧化，促使酸值升高。故降低油品的运行温度，尽可能地减少与空气接触的面积和时间，都是延长油品使用寿命的良好防劣措施和方法。

（五）破乳化度

破乳化度也称破乳化时间，是润滑油的一个特有指标。破乳化度的测定方法是用特定的仪器，在一定温度下，将一定量的实验油与纯水混合，通过一定时间的机械或蒸汽搅拌后，油水乳浊液达到油、水分离所需要的时间，以 min 表示。

GB/T 11120 中，破乳化度是用等体积的油和水，在 54℃时经机械搅拌乳化的油品在停止搅拌后，油水分离的时间。而 GB 2537 中的破乳化度是依据蒸汽鼓泡搅拌法而制定的。GB/T 11120 中的机械搅拌法，其实验条件易于控制，测试数据重复性好，与现行运行标准接轨，且与国际标准方法接近；GB 2537 中的蒸汽鼓泡搅拌法，虽然其实验条件较好地吻合了润滑油实际使用环境状况，但因鼓泡的蒸汽流量难以控制，测试数据重复性差，故运行标准中没被采用。

新润滑油中一般不含水，但在贮运和使用中，水汽往往会侵入油中，尤其在运行中不可避免地会有一定量的水分渗入，而含水的润滑油在运行温度、循环搅拌及老化产物的综合作用下，就可能形成难以分层的乳浊液。

通常将油品本身抵抗油水乳浊液形成的能力，称为抗乳化性能。一般用在规定的条件下，油水乳浊液分离的快慢来表示油品抗乳化能力的好坏。若油水分层快，说明该油品的抗乳化性能好；反之，则表明抗乳化性能差。

破乳化性能作为润滑油的特有指标，在使用上具有重要意义。若形成乳浊液的润滑油进入润滑系统将造成许多危害：如在轴承处乳浊液析出水时，就会引起油膜的破坏，使部件间的摩擦增大，导致局部过热，以至损坏机件；如乳浊液沉积于油循环系统的某一部位，易引起部件的锈蚀。因此，为保证设备的安全运行，要求油品在油箱停留时，乳浊液能自动的分离，水从油箱底部排掉，而不含水的油品则再次投入循环，故油品要有良好的破乳化性能。

乳浊液的形成除了必需的油、水之外，还需有一定的温度、强烈的搅拌及表面活性物质–乳化剂的存在。

影响润滑油破乳化度的主要因素有：新油在炼制时，油中残留一定数量的环烷酸、皂类等表面活性剂；油品在运输过程中，混入了如金属锈蚀产物、油漆及尘埃等杂质；润滑油在运行中老化、劣化产生的氧化产物及胶质、树脂等化合物；润滑油新油中含有的某些极性添加剂等。这些都会使油品的破乳化度降低，因此，润滑油的破乳化度是鉴别油品的精制深度、受污染及老化程度等的一项重要指标。

（六）液相锈蚀与坚膜试验

油品在使用过程中，老化、劣化是难以避免的，酸性物质的产生和增加也是必然的。由于酸性物质对碳钢等设备材料具有较强的腐蚀性，因此，除必须对用油设备采取防腐措施外，还必须降低油品因老化而产生的腐蚀性。液相锈蚀与坚膜试验就是为检验油品的腐蚀性而设计的指标项目。

液相锈蚀试验是将一定规格的碳钢试棒，浸入一定比例的油、水混合液中，在规定的温度和搅拌速度下，经过一定时间后，目视检查碳钢试棒的锈蚀程度。

坚膜试验实际上是液相锈蚀实验的继续，它是将液相锈蚀试验无锈的试棒，在不经任何处理的条件下，立即插入一定体积的水中，在规定的条件下，继续试验，实验结束后再目视检查碳钢试棒有无锈蚀。

液相锈蚀是为了检验油品的腐蚀性，油品无论是否添加防锈剂都可以进行，只是实验条件略有不同。一般来说，对未加防锈剂的油品，用油品与蒸馏水的混合液试验；而对添加了防锈剂的油品，则用油品与一定浓度的合成海水混合液试验。

坚膜试验则一般只是对添加防锈剂油品的继续试验，以检验在液相锈蚀试验过程中，防锈剂在碳钢试棒上的预膜状况，判断防锈剂的防锈效果。

（七）抗泡沫性能与空气释放值

抗泡沫性或起泡性是评定润滑油、液压油生成泡沫的倾向及其稳定性的一项技术指标，用泡沫体积 mL 表示。

油品中形成泡沫的条件和机理与形成乳浊液的条件和机理基本相同。不同的是乳浊液的表面活性剂产生的保护膜保护的是油水界面，而泡沫则是保护的油和空气的界面。

对于润滑油、液压油，油品的起泡性危害是很大的。对液压调速系统来说，由于泡沫的形成和存在，使本来不可压缩的液体有一定的可压缩性，易造成液压调速系统的失灵或滞后，甚至引起系统的振动；对润滑系统而言，由于泡沫的存在，容易造成油动机气蚀，使供油不畅，摩擦增大，能耗增加，甚至损坏部件，泡沫在油箱的积累易使油品大量溢出，形成火灾隐患。

空气在油中通常以气泡和雾沫两种形式存在。油中较大的气泡能迅速上升到油表面，并形成泡沫；而较小的气泡上升较慢，这种小气泡称为雾沫空气。在油品的技术规范中，一般用抗泡沫指标来表示油品形成泡沫的能力，用空气释放值来表示分离雾沫空气的能力。通常，油品的抗泡沫性能好，则空气释放性能差；反之，抗泡沫性能差，则空气释放性能好。因此，这两个指标在运行生产中，应根据系统的运行特点，灵活掌握和控制。

（八）抗氧化安定性

润滑油在循环使用时会吸收空气，并与氧反应形成老化产物。若轻度氧化，则生成的产物是可溶性的，对油品的理化性能没有显著的影响。若油品进一步氧化，则会产生大量的酸性物质和不溶性油泥，从而造成设备精密部件的卡涩和系统的局部腐蚀，影响设备的润滑、调速和传热性能。

油品的氧化劣化速度取决于油品的抗氧化能力，而油品的抗氧化能力又与油品的加工精致程度有关。

此外，油温、金属、空气、水分、颗粒等杂质的存在都会对油品的氧化起着催化作用。抗氧化性能差的油，在经过短期的使用后就会因氧化而使酸值显著升高，甚至产生沉淀。因此，润滑油必须具有良好的抗氧化安定性，以保证油品在恶劣条件下能够长期安全使用。

国产润滑油都是深度精制的基础油，通过添加抗氧化剂提高油品的抗氧化性能。基础油的深度精制，大大减少了油品中原有的有益的天然抗氧化成分，显著地降低了油品的抗氧化性能，增加了成品油的生产成本。但这类成品油在生产使用中，即使老化也不易产生不溶性油泥，其抗氧化性能完全可以通过添加的抗氧化剂得以补偿和提高。

第二章 技能实践

第一节 大型调相机油系统运行与维护

一、润滑油系统运行维护

润滑油系统安装和检修后，在启动前应确认检修工作已全部结束并将工作票全部收回。详细检查润滑油系统以及盘车、主机轴承座等与润滑油管道相连的设备应完好，润滑油系统数据在后台显示正确并在正常范围内，相关热工保护已投入运行。润滑油检测合格并有相应的检测报告。

检查所有工作结束，系统各阀门位置正确，所有仪表齐全完好，各压力表阀门开启；主油箱油位在高油位，油质化验合格；确认主油箱检漏、取样各放油门关闭，事故放油阀关闭；确认主油箱 A（B）排烟风机出口挡板开启；交、直流润滑油泵、顶轴油泵、盘车、排烟风机电源已送；确认主机润滑油冷油器进出油三通阀显示 A（B）主机润滑油冷油器投入，B（A）主机润滑油冷油器备用；确认润滑油过滤器 A（B）一台投入，一台备用；油箱油温小于 20℃时应投油箱电加热器提高油温，当油温大于 35℃时停电加热器。

（一）润滑油系统投运

启动主油箱 A（B）排烟风机运行，检查无异常，投入 B（A）排烟风机备用；确认油箱油温高于 20℃，如油温低于 20℃，不得启动交、直流润滑油泵；启动交流润滑油泵前检查润滑油压力，检查交流油泵运行正常；检查润滑油温度，当冷油器出口油温度达 43℃时，投入水侧运行，将冷油器冷却水调节门投自动，并注意润滑油冷油器回水阀门、混温阀调节正常；全面检查系统无泄漏。

（二）润滑油系统的停止

确认调相机盘车装置、顶轴油泵停运后，方可停止润滑油系统运行；确认主油箱油位处于正常油位；停止冷油器冷却水；解除调相机直流润滑油泵"自动"，直流润滑油泵电气控制柜硬联锁至切除位；停止调相机交流润滑油泵；解除主油箱备用排烟风机联锁，停止运行排烟风机。

（三）润滑油系统日常巡视

机组正常运行中，一台交流润滑油泵运行，另外一台交流润滑油泵处于备用状态；直流润滑油泵为事故油泵，在两台交流润滑泵故障时停机过程中运行。机组盘车运行时，一台交流润滑油泵运行，另外一台交流顶轴油泵运行，还有一台交流顶轴和直流顶轴油泵备用。正常运行时投运一台冷油器，另一台备用。正常运行时润滑油过滤器一台运行，另一台备用。排烟风机一台运行，一台备用。

日常检查各油泵、排烟风机的声音、振动、电机电流和温度正常；检查润滑油压力、温度正常，双联过滤器差压正常、无报警信号；检查主油箱油位，油位低时及时进行补油；注意监视润滑油质，油质不合格时投入油净化装置运行；调相机交流润滑油泵应进行周期切换、直流润滑油泵应做定期启动试验；主油箱排油烟风机应周期切换。为保证直流润滑油泵的可靠性，每个月需至少启动一次直流油泵，启动时间 5min，检测直流油泵运行是否正常。

正常备用冷油器冷却水进水手动门开、回水手动门关闭；尽量保证冷油器在充油和充水状态下做备用，防止水侧结垢和油侧进水或空气；主机润滑油冷油器运行中调油温时，冷却器进、出水手动阀门应全开，用回水调节阀门调油温，防止冷油器水侧充满程度小，结垢腐蚀加快。

二、顶轴油系统运行维护

（一）顶轴油系统投运前检查

顶轴油泵启动前应检查润滑油压、油温正常；顶轴油泵入口滤网进、出口阀门开启，各顶轴油泵出口阀门开启，且入口压力满足要求。油系统各联锁功能合格。

（二）顶轴油系统运行

启动顶轴油泵，检查电机电流正常、检查顶轴油母管压力正常，各轴承顶轴油压正常；将备用顶轴油泵投自动。在初次启动和检修后，初次投入顶轴油系统时应联系检修人员测量调整各轴顶起高度，并记录各瓦顶轴油压。就地检查各轴承声音正常。

顶轴油泵调定的压力及流量设置完成后，在机组运行过程中禁止随意调整。禁止随意关闭顶轴油泵进油口检修阀门。

调相机启、停过程中，当主机转速≤设定值（如 600r/min）时或在盘车启动前及盘车运行中，必须投入顶轴油系统连续运行，并确保顶轴油压正常；油压不正常不得投入盘车。当调相机转速升至＞600r/min 时，顶轴油泵自动停止运行，否则手动停止运行；当调相机转速降至 600r/min 时，A 顶轴油泵优先自动启动运行，若 5 秒内 A 泵未启动，则 B 泵自动启动。否则应立即手动启动一台顶轴油泵运行。

正常运行时一台顶轴油泵运行，另一台泵备用。当运行泵因电气故障停止工作时，备用泵将自动启动运行；当运行泵出口油压≤设定值时，备用泵将自动启动运行，联启的备用泵运行正常后，手动停止原运行泵；顶轴油泵投"手动"时，只有待启动的油泵进口油压≥设定值且另一台泵没有运行，才可以启动运行。

顶轴油泵运行过程中若出现异常振动、噪声等现象应立即停止并进行检查。

顶轴油系统溢流阀在出厂时已设定压力。如需调整请按如下步骤进行：需要调低压力时，逆时针调松溢流阀的调节手柄；需要调高压力时，顺时针调紧溢流阀的调节手柄。任何时候调整需缓慢进行，防止压力突变，调整完成后锁紧固定螺母。

调速阀的调整：需要增大顶起高度时，顺时针旋紧调速阀的调节手柄；需要降低顶起高度时，逆时针旋松调速阀的调节手柄。任何时候调整需缓慢进行，防止压力突变，调整完成后用钥匙锁定位置。需注意部分厂家调速阀调整需在停泵情况调整旋转角度，启泵后检查压力变化及顶起高度对应情况。

三、冷油器运行维护

润滑油系统中设两台板式油冷却器，正常工况下，由一台板式冷却器投入运行，另一台板式冷却器备用。检查板式冷却器进水压力及进油压力（泵出口压力），确保板式冷却器无泄漏。

为了避免因板片损坏造成油中进水,污染油液,油侧压力应高于水侧压力。在冷却器第一次启动时应先关闭出油口的阀门,打开排气阀、进油阀将冷却器内的空气尽量排净,然后再开启出油口阀门。在寒冷季节或长期不投入使用(如一个月以上)的板式冷却器需要将内部的油液和冷却水排净,防止油侧油液变质,水侧介质结冰膨胀损坏板片。

板式冷却器需定期切换,在切换时应先关闭备用板式冷却器出油口及出水口球阀,开启进油口、进水口阀,5 分钟后再次开启备用板式冷却器出油口及出水口电动球阀,开启完成之后再控制工作板式冷却器的进出油/水球阀关闭。

每 1 个月检查一次冷却水路的进出口压力表的差值并做记录,当进出口压力表差值>0.2MPa 时,表明板式冷却器水侧内部可能存在结垢现象,需要切换冷却器并进行除垢。

通过冷却器出油口管路上的热电阻反馈温度,控制冷却水管路上的电动调节阀的开度,用以调节冷却介质的流量,使冷却器出油口温度始终稳定在 40～45℃的某一温度值。经电动调节阀调整后,若冷却器出口油管油液温度仍大于45℃时,则切换为备用冷却器投入运行,达到稳定供油温度。

开启备用润滑油冷油器水路排气阀,注水,放尽空气后关闭。检查备用润滑油冷油器水路处于充水状态。缓慢开启备用润滑油冷油器油侧注油门,备用润滑油冷油器油侧注油,开启备用润滑油冷油器油侧排气阀,放尽空气后关闭。检查备用润滑油冷油器冷却水进、回水门已全开。缓慢将润滑油冷油器切换至备用侧,注意油压变化,检查出口油温,稳定至正常值。关闭备用润滑油冷油器油侧注油门。加强润滑油压、油温和主油箱油位监视。

四、过滤器运行维护

确保设备的排污口和平衡管线的平衡阀为关闭状态,打开左侧容器的排气阀,检查切换阀指针指向是否为左侧容器在线,如果不对应,依照切换阀上的阀位指针,扳动手柄将切换阀切换到左侧。

打开设备进油口缓慢向容器充油,待流体溢出时全部关闭排气阀。检查充油后的左侧容器是否存在泄漏,如果有泄漏处需要停泵排油,修复泄漏问题后才能再次启动。

打开右侧容器的排气阀和平衡阀,待流体溢出时关闭排气阀。当左右两侧的容器内压力平衡后，扳动切换阀手柄，进行切换，按照切换指示牌将手轮位置切换到右侧容器在线，关闭平衡阀。

注意：在未打开平衡阀的情况下，严禁扳动切换阀手柄强行进行切换操作。否则可能引起设备损坏。

在工作过程中，当污物堵塞滤芯，压差升至压差开关设定报警压力 1bar 时，报警信号发出，应切换过滤器并更换滤芯。

待切换阀阀位指针已经指向右侧滤筒；关闭平衡阀；打开左侧滤筒上的排气阀及排污阀，放净流体。

注意：请确保滤筒内上腔的污油完全排净后，方可进行下一步操作，以避免污油在更换滤芯时进入系统。

拆除上法兰螺栓，移开顶盖；依次更换滤芯；每一次更换滤芯，检查端盖密封，若密封损坏或老化请更换；关闭排污阀；移动顶盖归位，紧固螺栓，力求密闭可靠；打开平衡阀；待左侧滤筒上的排气阀中有流体溢出时，关闭排气阀，关闭平衡阀；此时右侧滤筒处于正常工作，左侧滤筒进入备用状态。

设备暂时停用的要求：检查过滤器法兰密封处是否有泄漏，如有泄漏及时更换密封件。

五、蓄能器运行和维护

蓄能器在充装氮气前必须对蓄能器进行检查，在充装氮气时应缓慢进行，以防冲破胶囊。蓄能器严禁充装氧气，压缩空气或其他可燃气体。定期检查蓄能器充氮压力。

六、油净化装置运行和维护

（一）主油箱油净化投运

检查油净化装置阀门位置正确，各旁路门关闭；开启主油箱至油净化装置截止阀门；开启油净化装置出口阀门及油净化装置至主油箱进油阀门；开启高分子吸附装置、油水分离器入口阀门；稍开油净化装置入口阀门，油净化装置系统充油排空后，全开油净化装置入口阀门。

启动油净化装置输油泵，投入油净化装置运行。

主油箱净化结束，停止油净化装置输油泵运行，电源停电；关闭主油箱至油净化装置截止阀门；关闭油净化装置至主油箱进油阀门，油净化装置出口阀门。

（二）贮油箱油净化投运

检查油净化装置阀门位置正确，各旁路门关闭；开启污油室底部至A、B润滑油输送泵入口手动阀门；开启A、B润滑油输送泵至油净化装置截止阀门；开启A（B）润滑油输送泵入口阀门；开启油净化装置入口阀门。

启动A（B）润滑油输送泵运行，稍开出口阀门油净化装置系统充油排空后，全开A润滑油输送泵出口阀门，根据出口压力调整其出口再循环；开启油净化装置出口阀门及主油箱放油至污油室进油阀门。

启动油净化装置输油泵，投入油净化装置运行。油净化结束，停止油净化装置输油泵运行，电源停电。

停止A（B）润滑油输送泵运行，关闭A润滑油输送泵出口阀门；关闭油净化装置出口阀门及主油箱放油至污油室进油阀门；关闭A（B）润滑油输送泵入口阀门；关闭润滑油输送泵至油净化装置截止阀门。

（三）净油室向主油箱补油

确认净油室油质合格，检查油净化装置出、入口阀门关闭，其他阀门位置正确；开启净油室底部至润滑油输送泵手动阀门；开启润滑油输送泵至主油箱截止阀门；开启主油箱补油阀门；开启润滑油输送泵入口阀门；启动A润滑油输送泵运行，开启其出口阀门；主油箱油位补至正常，关闭润滑油输送泵出口阀门，停止润滑油输送泵运行。

关闭主油箱补油阀门；关闭润滑油输送泵至主油箱截止阀门；关闭润滑油输送泵入口阀门；关闭净油室底部至润滑油输送泵手动阀门。

（四）油净化装置的停运

净化结束，应先检查停止电加热系统，待加热管适当降温后再关闭油净化装置入口阀门，待油排尽后，再停止油净化装置输油泵运行，电源停电；关闭油净化装置出口阀门。

（五）油净化装置运行中的巡视

检查净油系统输油泵出口压力；油系统无泄漏现象；检查油温在正常范围内，低于20℃最小值时应投入主油箱加热器。

当粗过滤器与之对应的油泵进口真空表的压力上升到0.015MPa时，表示滤芯已经开始堵塞，应及时清洗或更换滤芯。

当油净化装置运行一段时间后，油净化装置过滤器的集污室会积满污物，要定期联系检修清理。

七、贮油箱运行和维护

贮油箱由净油室和污油室两部分组成，在油系统中的主要作用是用来贮存油液，其中净油室贮存经过净化之后的合格油，污油室为未经净化或者已经使用过的不合格油。

在集装装置检修和油系统初次加油时，油液均贮存在贮油箱污油室。当系统检测到污油室油位达到液位高点时，开启相应电动球阀，启动润滑油输送泵和净油装置，将污油室的润滑油经过净油装置的净化处理，向净油室充油直至达到污油室液位低点，或净油室液位达到高点，停止润滑油输送泵、净油装置、关闭所有电动球阀。

当贮油箱污油室液位达到高点时报警，停止注油。当贮油箱净油室液位达到低点时报警，提醒净油储量不足。当贮油箱净油室液位达到低低点时报警，禁止启动输送泵向润滑油箱补油。

不得使用废棉纱头或其他棉织物擦拭浸油箱的内表面。不得用汽油作为清洁液，应采用煤油或石油酒精。

八、油箱加热器运行和维护

在集装油箱和贮油箱中均安装有电加热器，用以维持油温在适当范围。

油箱温度低于某设定值时，启动加热器加热，油箱温度高于某设定值时，停止加热器加热。油箱液位达到低报警时禁止投入加热器。

九、排油烟风机运行维护

两台排烟风机在接到润滑油系统启动信号后启动；一用一备，定期切换。为了防止轴承箱腔室内负压过高，通过调整排烟风机进气口蝶阀的开度，来调整风机的出口风量，以此调节油箱内部的负压。

第二节 大型调相机系统的油质要求

新调相机润滑油的验收应按照 GB11120《涡轮机油》进行。

（一）运行调相机润滑油的质量指标

我国目前运行调相机润滑油的质量监督标准主要参考 GB/T 7596《电厂用运行中矿物涡轮机油质量》和 DL/T 2409—2021《特高压直流换流站运行中调相机润滑油质量》，具体检测项目和质量标准见表 5-2-1。

表 5-2-1　　　　　　　　　　运行中调相机润滑油质量

序号	项目		质量指标	检验方法
1	外观		透明，无杂质或悬浮物	DL/T 429.1
2	色度		≤5.5	GB/T 6540
3	运动黏度 a)（40℃）/（mm²/s）	32	28.8～35.2 或不超过新油测定值±5%	GB/T 265
		46	41.4～50.6 或不超过新油测定值±5%	
4	闪点（开口杯）/℃		≥180，且比前次测定值不低 10℃	GB/T 3536
5	颗粒污染等级 b) SAEAS4059F（DL/T 1978）/级		≤7	DL/T 432
6	酸值 c)（以 KOH 计）/（mg/g）		≤0.3	GB/T 264
7	液相锈蚀		无锈	GB/T 11143(A 法)
8	抗乳化性（54℃）/min		≤30	GB/T 7605
9	水分/（mg/L）		≤50	GB/T 7600
10	泡沫性（泡沫倾向/泡沫稳定性）/（mL/mL）	24℃	≤500/10	GB/T 12579
		93.5℃	≤100/10	
		后 24℃	≤500/10	
11	空气释放值（50℃）/min		≤10	SH/T 0308
12	旋转氧弹值（150℃）/min		不低于新油原始测定值的 25%，且≥100	SH/T 0193
13	抗氧剂含量/%	T501抗氧剂 d)	不低于新油原始测定值的 25%	GB/T 7602.1
		受阻酚类或芳香胺类抗氧剂 e)		ASTMD 6971

32、46 为 GB/T 3141 中规定的 ISO 黏度等级。

SAEAS4059F 颗粒污染度分级标准见附录 A，DL/T 1978 颗粒污染分级标准见附录 B，颗粒污染分级出现争议时，建议以 DL/T 1978 为准。

测试方法也包括 GB/T 28552，结果有争议时，以 GB/T 264 为仲裁方法。

测试方法也包括 GB/T 7602.2 或 GB/T 7602.3，结果有争议时，以 GB/T 7602.1 为仲裁方法。

测试方法也包括 DL/T 1599，结果有争议时，以 ASTMD6971 为仲裁方法。

表 5-2-1 中调相机润滑油的"质量指标"，即允许运行的上限值。如在

日常监督检测中某项指标超过该数值，则必须采取相应的处理措施。有些指标变差，通过现场的简单维护和处理，可以得到明显的改善，如液相锈蚀、破乳化度等；而有些指标超过运行的上限值后，在生产现场是难以恢复和改善的，必须通过换油解决，如运动黏度、闪点等。

启动前润滑油质满足 DL/T 889《电力基本建设热力设备化学监督导则》要求，颗粒污染等级≤SAE3 级，含水量≤100mg/L、酸值≤0.3mgKOH/g。

调相机润滑油使用寿命一般可达 10～20 年，除非发生严重污染使得氧化安定性、酸值、空气释放值、运动黏度等指标出现明显的变化，否则无需换油。

（二）调相机润滑油的检测项目和周期

从理论上来说，运行调相机润滑油的检测项目和周期应该与机组的运行工况、运行调相机润滑油的质量相联系，既要考虑机组运行的安全可靠性，又要兼顾检测的经济性。因此对所有运行调相机润滑油规定一个统一、适用的检验周期是不现实的，也是难以做到的。

由于调相机的运行状况要优于蒸汽发电机和水轮机等机械润滑。因此在借鉴电厂运行维护标准的基础上，根据调相机润滑油的取样历史数据对取样周期进行了优化。正常运行中调相机润滑油的检验周期和检验项目应符合表 5-2-2 的规定。

新机组投运 24h 后，应检测油品外观、色度、颗粒污染等级、水分、抗乳化性及泡沫性。

油系统检修后，应检测油品的运动黏度、酸值、颗粒污染等级、水分、抗乳化性及泡沫性。

运行中系统的磨损、油品污染和油中添加剂的损耗状况，可以结合油中元素分析进行综合判断。

补油后，应在油系统循环 24h 后进行优质全分析。

如果油质异常，应缩短试验周期，必要时取样进行全分析。

表 5-2-2　　　　运行中调相机润滑油检测项目和周期

序号	检验项目	检验周期	
		投运一年内	投运一年后
1	外观	1 个月	3 个月
2	色度	1 个月	3 个月

序号	检验项目	检验周期	
		投运一年内	投运一年后
3	运动黏度	3 个月	6 个月
4	闪点	必要时	必要时
5	颗粒污染等级	1 个月	3 个月
6	酸值	3 个月	3 个月
7	水分	3 个月	6 个月
8	液相锈蚀	6 个月	1 年
9	抗乳化性	6 个月	1 年
10	泡沫性	6 个月	1 年
11	空气释放值	必要时	必要时
12	旋转氧弹值	1 年	必要时
13	抗氧剂含量	1 年	必要时

如发现外观不透明，则应检测水分和破乳化度。

如怀疑有污染时，则应测定闪点、抗乳化性能、泡沫性和空气释放值。

第三节　调相机油劣化影响因素及运行维护

润滑油是润滑系统长期循环使用的一种工作介质。由于它使用在高温、搅动、含水、含金属颗粒和有氧的相对恶劣的环境中，油品极易因老化劣化使某些应用指标下降至难以接受的水平。所以，润滑油的运行监督及维护是监督工作者的一项重要职责，也是确保系统安全经济运行的重要措施。

一、影响运行润滑油劣化的因素

（1）润滑油的质量。运行中的润滑油，由于使用条件的影响会产生劣化。导致运行油品变质的因素很多，其内在因素主要是油品的化学组成。油中的环烷烃、烷烃及长侧链少环芳香烃等易于氧化，其氧化产物主要是羰基酸、羟基酸和少量树脂。而短侧链芳香烃及长侧链断链后的芳香烃，其氧化产物中酸性物质少，油泥沉淀多。故油质劣化后，总体表现的是酸值上升，沉淀物增加。

基础油的石蜡基、环烷烃和芳香烃的相对比例，直接影响着油品的黏度指数、倾点等理化性能。一般采取提高基础油精制深度，减少油中有害物质，加入添加剂来改进油品的质量。但是，若添加剂选择不当，反而会导致油品的性能变坏。

除了氧化产物之外，其他许多杂质如水分、固形物和不溶性极性杂质等，在运行过程中也会侵入油中，加速油品的氧化劣化。

油品的氧化劣化会导致某些特性参数的变化，而从指标中明显地表现出来。

（2）油系统的结构和设计。润滑系统包括主油箱、主油泵、辅助油泵、冷油器、过滤器、管网和外接清洁过滤设备等。

1）油箱不单起储存全部用油的作用，它同时还是分离油中空气、水分和各种杂质的装置。所以油箱结构对油品性能有着重要的影响。若油箱设计过小，必须增加油的循环次数，使得油在油箱内的停留时间相应缩短，起不到水分的析出和乳化油的破乳化作用，加速油的劣化。

2）油的流速、油压与油品的变坏程度都有关系。进油管中的油不但有一定的油压，而且还应维持一定的流速（1.5～2m/s）；回油管中的油虽没有压力，但却有一定的流速（0.5～1.5m/s）。若回油速度大，对油箱冲力也大，会使油箱中的油飞溅，增加与空气的接触面积，容易形成泡沫，造成油中存留气体而加速油品的变质。同时冲力造成激烈搅拌会使含水的油形成乳化。

3）油系统的清洁度。新建和大修后的系统，其润滑系统中往往会存在金属焊渣、机械碎片、砂粒等杂物。投运前若未彻底清除干净，投运后这些机械杂质就会随润滑油一起进入转动部件间隙，造成轴承磨损和调速器卡涩等问题，同时这些杂质还会引起油品的催化劣化，降低其物理化学性能，导致油质变坏。所以，润滑系统投运前都应预先冲洗，确保系统的清洁。油品要预先过滤，达到清洁度合格，以免造成污染。

在系统设计基础上，施工的好坏特别是清洁程度，对油品的寿命也会构成较大影响。如果系统内表面清洁不好，会存在防腐剂、油漆、铁锈离子及各种制造过程中产生的固体污染物等。这些污染物不仅会使油品的初始质量大打折扣，还会加快油品的后期降解。所以，一般要在系统运行24h后取样进行系统分析，作为在用油质量的基础值。

4）运行环境条件。运行温度是影响润滑油使用寿命的最重要因素之一，特别在系统中，一般是在轴承部位上有过热点出现时就会引起油的变质，此时应当调节冷油器，控制油温。

有关研究表明：润滑油在温度大于 60℃ 的环境下，温度每升高 10℃，其氧化速率就会提高约一倍。

高温氧化能产生大量的油泥、漆状物，同时还会使得酸值升高。油品老化产物主要会对运行设备产生轴承磨损、不正确黏度、部件磨损堵塞阀芯、部件腐蚀等严重影响。

油系统运行环境条件的好坏对油品的物理化学性能有着直接的关系。若系统漏气、漏水，则会降低油品的性能，油中就会出现铁锈、乳化液和沉淀物。

混入系统中的水、蒸汽、空气含量的多少，与设计有关，同时也与运行水平和检修质量有关。运行条件越差，油品的寿命就会越短。

5）污染问题。在运行过程中，润滑油中的污染物主要来自两个方面：一是系统外污染物通过轴封和各种孔隙进入；二是内部产生的污染物，包括水、金属磨损颗粒及油品氧化产物。这些污染物都会降低润滑油的润滑、抗泡沫等性能，所以必须加强运行润滑油的检测和维护，否则不仅会加速油的变质，还会影响系统的安全运行。

二、润滑油的运行维护

在运行系统中，润滑油的劣化降解是难以避免的，因此采取正确的处理措施进行日常维护保养非常有必要，这也是油务监督工作的主要职责。

润滑油的运行维护工作，主要包括运行油的监督检测、劣化原因分析、防止运行油老化措施及油品处理维护等内容。现就运行润滑油监督工作中经常遇到的几个问题简要阐述。

（一）补油、换油

在生产使用中，因各种原因润滑油会发生损耗，使油箱油位下降。当油位下降到一定的程度时，就需要向油箱中补油。调相机系统一般采用的为 46 号油，补充新油也应采用黏度相同的同牌号油品，因此补油问题主要是同牌号的新油和运行油的混合问题。

新油与已老化的运行油对油泥的溶解能力是不同的，因此在向运行油中补加新油或接近新油标准的运行油时，有可能会使得原运行油中溶解的油泥析出，以致影响润滑油的润滑和散热性能。因此在向油箱中补油之前，首先必须检验补加油和油箱运行油的质量，质量合格后，再按补加比例做混合油的油泥析出试验，确定无油泥析出时方可补加。

对于已严重老化至接近或超过运行标准的润滑油，一般结合系统的大修采取换油或体外再生处理。换油方法是：在系统排净运行油后，首先对油系统进行彻底清理和清洗，然后再注入一定量的合格新油，进行整个油系统的循环冲洗过程过滤，待油品的各项技术指标合格后，停止冲洗，补入足量的合格油备用。

当需要向未添加防锈剂的润滑油中补加含有防锈剂的润滑油时，一般应结合系统大修进行。在对系统的机械杂质、金属表面的氧化产物等进行彻底清理、冲洗后，再进行补加。这样做的好处有：一是可以避免因补加含防锈剂的润滑油所具有的酸性而使系统金属表面可能存在的氧化产物脱落，从而影响系统的安全运行；二是可以确保补入的防锈剂润滑油达到良好的防锈效果。

（二）水分的危害

运行中的润滑油中水分主要来源有：密封不严，蒸汽泄漏；冷却器冷却水泄漏；密封失效；油箱顶盖配置不当，空气冷凝等。

对润滑油系统来说，水分的存在不仅会造成油品变质（如添加剂的析出）、油品乳化、腐蚀等，还会引起润滑油膜变薄，加速运动部件的磨损。

（三）运行油的净化处理

现代系统都对运行润滑油的固体颗粒清洁度提出了很高的要求。油净化出来的目的在于随时清除油中颗粒杂质和水分等污染物，保持运行油的清洁度在合格水平。

系统在运行过程中，如润滑油的机械杂质、颗粒度不合格，可用具有精滤装置的滤油机对油品进行循环过滤，保持油系统的清洁度。如系统漏气、漏水严重，则应增加油箱底部的排水次数或用离心式滤油机、真空滤油机除去水分。对于酸值较高、老化较为严重的油品，可用吸附再生处理设备，对油品进行旁路再生循环处理。需要注意的是，对于用吸附再生处理过的润滑油，再次使用时，通常需要补加抗氧化剂和防锈剂，以确保油品的抗氧化性和防锈性能合格。

（四）特效添加剂的使用

1. 添加抗氧化剂

润滑油中添加抗氧化剂是减缓油质老化劣化，改善油品抗氧化安全性的有效手段。目前国内普遍采用的抗氧化剂是 T501，即 2，6－二叔丁基对甲酚。

该添加剂对于新油或轻度老化的油的作用十分显著，但对于严重劣化的油却无明显的效果，这是由其抗氧化机理所决定的。因此，T501 抗氧化剂一般应添加在新油或接近新油标准的油中（pH 值大于 5.0）。国产新润滑油中一般加有 0.3%～0.5%的 T501 抗氧化剂。

添加有 T501 抗氧化剂的新润滑油，在运行使用过程中，由于油品不可避免地氧化劣化和运行工况的影响，抗氧化剂会逐渐消耗，当含量降低至一定程度时，其抗氧化作用就会明显地减弱，油品的老化劣化速度就会显著地增加。因此，在运行中应定期检测油品的抗氧化剂含量，当含量低于 0.15%时，就应及时补加，补加量约为油的 0.3%（质量比），以保持油品的抗氧化安定性不会显著地下降。

在向运行油中补加 T501 抗氧化剂之前，应首先检测油品的酸值、pH 值、颜色、油泥等技术指标，若上述指标接近新油标准，可直接向运行润滑油中补加。反之，如酸值、pH 值等指标较差时，则应对运行油采取净化处理措施，使运行油的上述指标达到接近新油水平后方可补加。

T501 抗氧化剂的补加方法是：从运行油箱中放出适量的运行油，将其加温至 50～60℃，称取计算出补加的 T501 抗氧化剂量，边加药边搅拌使之完全溶解，配制成约 5%～10%的浓溶液，待冷却至环境温度后，再用滤油机送入油箱。若油系统处在运行状态，靠其自身的循环使药剂混合均匀；若油系统处在停运状态，则需用滤油机循环过滤，而使添加剂混匀。

T501 抗氧化剂含量检测周期无明确规定，正常运行状态下建议一年一次。

2. 添加防锈剂

在调相机运行系统中，因各种原因，润滑系统会漏入大量的蒸汽和水，从而造成油质的乳化和系统内的金属腐蚀。要有效地防止系统内的腐蚀，关键是提高系统的安装、检修质量，消除漏水、漏气缺陷，因为油系统中若没有水分存在，系统的腐蚀是微不足道的，油品也难以乳化。

向润滑油中添加防锈剂只是一种防腐蚀手段，不是一种根本的解决方法。目前我国添加的防锈剂主要是十二烯烃基丁二酸，代号为 T746。T746 分子中含有非极性基团–羟基和极性基团–羧基。在油系统中，极性基团羧基一端具有憎油性，易被金属表面吸附；而非极性羟基一端具有亲油性，易溶解在油中。因此，T746 防锈剂在油中遇到光洁的金属表面时，因分子的羧基一端能规则的吸附在金属表面上从而形成致密的分子保护膜，从而有效地阻止水、氧和其他侵蚀性戒指的分子或离子渗入到金属表面，起到保护（防锈）作用。

运行油添加防锈剂一般应结合大修进行。在添加 T746 前应做好下述准备工作：首先应用净油机去除运行油中的水分和杂质，并对运行油进行液相锈蚀实验和主要理化指标分析，通过锈蚀试验确定添加的剂量；其次，为了使 T746 防锈剂更好地在金属表面上形成牢固的保护膜，防止已经在设备表面形成的腐蚀产物在添加防锈剂后剥离沉积，在添加防锈剂前应将油系统中的运行油全部排净，对系统的管路、油箱等各部位进行彻底的清洗和清扫，确保油系统内无机械杂质，使系统中的各部件表面露出洁净的金属表面，并做好相应的详细记录，便于以后检修时进行检查比对，考察防锈效果。

添加方法：将滤好的运行油重新注入主油箱，根据运行油量计算出所需的防锈剂量，然后将防锈剂用运行油配成约 10%的浓溶液。为加速 T746 的溶解，配制时可将油温加热至 60℃左右，最后将浓溶液用滤油机注入油箱内，并用滤油机循环搅拌，使药剂混合均匀。

T746 防锈剂在运行中会因逐渐消耗而影响防锈效果，因此应定期做液相锈蚀试验。如果发现金属试棒上有锈斑，则应及时补加，补加量一般为 0.02%左右。补加一般可在运行条件下进行，即配成浓溶液后用滤油机注入油箱即可，无需用滤油机循环搅拌，这项工作由系统自身循环来完成。

需要指出的是，T746 防锈剂本身是一种有机二元酸，因此在润滑油中添加 T746 后会造成油品酸值的升高，但这种增高并不会造成不良后果，但建议应调整酸值的运行控制标准。另外，由于防锈剂本身是一种表面活性剂，因此添加防锈剂的润滑油，其破乳化度可能会有所降低。

3. 添加破乳化剂

润滑油的乳化现象，是系统运行中普遍存在的问题。要解决这个问题，首先应弄清油品乳化的原因。

引起润滑油乳化的原因大致可以分为三个方面：第一是油中存在乳化剂，即新油带来的残留天然乳化物和运行油老化产生的低分子环烷酸皂、胶质等乳化物；第二是油系统中含有水分，这是系统在运行中漏水、漏气造成的；第三是油的循环搅拌作用。从上述三个因素来看，解决润滑油乳化问题的最根本方法是消除系统的漏水、漏气缺陷，降低和减少润滑油中的乳化产物。向润滑油中添加破乳化剂，难以彻底解决系统油乳化的问题。

润滑油中形成的乳化液是油包水型，在已乳化的油中加入一种与乳化剂性能相反的表面活性剂，可使水与界面膜之间的张力变小或者使油与界面膜之间的张力变大，在加入一定量的表面活性剂后，水与界面膜之间的张力就会等于油与界面膜之间的张力，从而使得油膜破裂，水滴析出，乳化现象就会消失。这种表面活性剂就称为破乳化剂。

破乳化剂在运行中会逐渐消耗，需不定期补加，补加时间根据实验结果确定，一般当破乳化度大于 30min 时就要进行补加。

4. 添加消泡剂

润滑油在运行过程中，由于氧化劣化作用而产生一些环烷酸、皂等表面活性物质，这样在油系统进行强迫循环时，油品与油面上的空气产生激烈的碰撞、搅动，会在油中留有气泡，油面上形成泡沫。泡沫和气泡体积达到一定程度后，油泵会因气蚀使油压提不上去或者不稳，影响油的循环，难以形成良好的润滑油膜，最终导致设备磨损，严重时甚至会酿成化瓦事故。另外，泡沫过多时，油会由油箱顶部溢出，造成跑油或油箱油位不清。为了有效地解决汽轮油产生泡沫的问题，通常的做法是在润滑油中添加消泡剂。实践证明消泡剂虽不能预防润滑油产生气泡，但却能吸附在已经形成的泡沫表面，使泡沫膜表面张力下降，从而导致泡沫的破裂。

应用于乳化油的消泡剂主要有二甲基硅油、二甲基聚硅氧烷、二甲基硅酮和非硅型等添加剂，其中以二甲基硅油应用最为普遍。

用作润滑油消泡剂的二甲基硅油，其 25℃ 的运动黏度为 1000～10000mm^2/s，添加量一般为 10mg/kg 左右。

二甲基硅油较好地分散在润滑油中，是取得良好消泡效果的前提。硅油的分散状态，对润滑油的消泡效果有很大的影响。实践证明，将硅油液滴分散至 10μm 以下，消泡效果最好。若硅油液滴过大，则会因硅油密度大，在油中产生重力沉降，难以与形成的泡沫充分接触，达不到预期的消泡效果。

在实际应用中，一般只在产生泡沫的润滑油中添加硅油。为了使硅油能较好地与泡沫直接接触并能良好分散，通常的做法是：将 10 号柴油加温至 50～60℃，在高速机械搅拌运动下，配成 10%左右的硅油–柴油溶液。然后用喷雾器将其喷洒至油箱的泡沫表面上。随着喷洒的进行，泡沫会迅速消失。

第四节　调相机油系统检修

润滑油系统检修项目及其质量要求，按照调相机 A 级检修或 C 级检修执行，具体参见 Q/GDW 11937《快速动态响应同步调相机组检修规范》附录详表 E1 和表 E2 的规定。主要润滑油系统检修项目如下：

一、润滑油系统 A 级检修项目

（一）润滑油集装装置

润滑油箱设备表面、润滑油检查、润滑油箱清理；磁性滤网清洗；加热器功能检查；油混水信号器（如有）检查；油烟排放装置清扫与检查；压力开关、变送器、压力表等自动化元件检查及校验；润滑油泵外观、轴承、功能、绝缘以及机械密封性检查；换热器外观、连接螺栓紧固性、设备功能检查；电动阀管道、阀门、法兰紧固检查；顶轴油泵轴承润滑油、轴承、联轴器、机械密封性、绝缘绕组检查；阀组功能检查；油过滤器清洁及滤芯更换；管道检查、法兰紧固、阀门检查；外部水路检查与水压试验；绝缘与端子紧固性检查。

（二）贮油箱

贮油箱外表清扫、润滑油检查、补充；输送泵绝缘、渗漏及其功能检查；仪器仪表和阻火器检查；管道、阀门、端子箱检查。

（三）油净化装置

油净化装置设备功能检查；真空泵液位检查、机油、滤油器、空气油雾过滤器更换、风扇罩清洁；排放泵/注充泵风扇清洁；流体过滤器滤芯检查与清理；管道检查；电气装置检查。

（四）交、直流控制柜

控制柜内仪表、开关电源、端子紧固、回路、交流接触器、断路器、按钮等部件检查。

二、润滑油系统 C 级检修项目

（一）润滑油集装装置

润滑油箱设备表面、润滑油检查；加热器功能检查；油混水信号器（如有）

检查；油烟排放装置清扫与检查；阀组功能检查；管道检查、法兰紧固、阀门检查；压力开关、变送器、压力表等自动化元件检查及校验。

（二）贮油箱

贮油箱外表清扫、润滑油检查、补充；管道、阀门、端子箱检查。

（三）油净化装置

油净化装置设备功能检查；输送泵绝缘、渗漏及其功能检查；管道检查；电气装置检查。

（四）交、直流控制柜

控制柜内仪表、开关电源、端子紧固、回路、交流接触器、断路器、按钮等部件检查。

第五节 调相机油系统试验

一、电机绝缘测量

（一）试验准备

（1）油泵电机断开对应开关停电、验电。

（2）打开电机接线盒，拆掉所有导线接线，拆线之前要特别注意牢记接线相序，以便测量完恢复接线时能保证接线的相序的正确性。

（二）试验步骤

（1）用绝缘电阻表测量三相对地的绝缘电阻，绝缘电阻表两个接线一个接电机绕组的接线柱，另一个接地线（或电机外壳），进行测量（UVW 三相都要测量）。

（2）用绝缘电阻表测量三相相间绝缘电阻，绝缘电阻表两个接线一个接电机绕组 U 相接线柱，另一个接电机绕组 V 相接线柱，此时测量的就是 UV 两相间的绝缘电阻，同理再测量 UW 相间绝缘电阻和 VW 相间绝缘电阻。

（3）绕组放电、恢复接线。

（三）试验标准

绝缘电阻不小于 $1\text{M}\Omega$。

二、润滑油取样

（一）取样点及取样容器

（1）取样点应支持重复性及代表性取样，测定结果与采样位置有关。

（2）常规试验取样容器宜为 500～1000mL 磨口具塞玻璃瓶，参照 GB/T 7597《电力用油（变压器油、汽轮机油）取样方法》要求准备。

（3）颗粒污染等级取样容器应使用 250mL 专用取样瓶，参照 DL/T 432《电力用油中颗粒度测定方法》要求准备。

（4）非玻璃的容器应使用耐油的材料（包括衬垫，铝箔制成的瓶盖衬垫）。

（二）新油交货时的取样

（1）新油以桶装形式交货时，取样桶数和方法应按 GB/T 7597 方法进行。应从可能污染最严重的底部取样，必要时可抽取上部油样；如怀疑大部分桶装油有不均匀现象时，应对每桶油逐一取样，并应核对每桶的牌号、标志，同时对每桶油进行外观检查。

（2）用外接软管取样或从油箱底部的阀门导管处取样，应在取样前将这些管道用油冲洗后才能进行，同时取样时应维持一定的流速。

（3）新油验收，一般应取两份以上样品，除试验所需用量外，应保留存放一份以上样品，以备复核或仲裁用。

（4）用于颗粒污染等级测试的样品不得进行混合，应对单一油样分别进行测试。

（三）运行油的取样

（1）用于监督试验的运行油应从冷油器出口取样；检查油中杂质和水分时，应从油箱底部取样；当系统进行冲洗时，应增设管道取样点。

（2）从回油母管中取样时，管道中的油应能自由流动而没有死角。取样前，取样口应用油进行冲洗，冲洗用的油量取决于取样管道的长度和直径，应不低于取样管道容积的两倍。冲洗油应收集到废油桶中统一处置。

（3）若发现所取样品有异常情况时，应从不同的取样位置再次取样，以跟踪污染物的来源或查找其他原因。出现下述几种情况的样品不具有代表性：

1）所取样品与系统中油温度相差较大；

2）油液颜色与所取油样颜色不一致或差异较大；

3）取自储油箱的样品，在同一温度下黏度差异较大。

三、润滑油系统冲洗

（1）运行机组润滑油系统则应重视在运行和检修过程中产生或进入的污染物的清除。

（2）冲洗油应具有较高的流速，在系统回路的所有区段内冲洗油流都应达到紊流状态。应提高冲洗油的温度，并适当采用升温与降温的变温操作方式。在大流量冲洗过程中，应按一定时间间隔从系统取油样进行油的颗粒污染等级分析，直到系统冲洗油的颗粒污染度达到 SAE 分级标准的 7 级。

（3）对于油系统内某些装置，系统在出厂前已进行组装、清洁和密封的则不参与冲洗，冲洗前应将其隔离或旁路，直到其他系统部分达到清洁为止。

（4）检修工作完成后油系统是否进行全系统冲洗，应根据对油系统检查和油质分析后综合考虑而定。如油系统内存在一般清理方法不能除去的油溶性污染物及油或添加剂的降解产物时，宜采用全系统大流量冲洗。冲洗时，还应考虑污染物种类，更换部件自身的清洁程度以及检修中可能带入的某些杂质等。如果没有条件进行全系统冲洗，应采用热的干净运行油对检修过的部件及其连接管道进行冲洗，直至油的颗粒污染等级合格为止。

四、过滤器切换试验

（一）试验准备

（1）检查润滑油系统润滑油泵出口压力、电流、母管压力、进油温度等参数正常。

（2）确认备用过滤器桶内润滑油滤芯安装正确。

（3）检查润滑油过滤器无渗漏。

（二）试验步骤（以滤筒左切换至滤筒右为例）

（1）观察切换阀流向指示，确认阀位指针指向滤筒左。

（2）打开平衡阀。

（3）打开过滤筒右上的排气阀，待确定滤筒右内有流体从排气阀处流出时，关闭排气阀。

（4）缓慢扳动切换阀手柄，切换阀工作状态由"左侧滤筒在线"转换到"右侧滤筒在线"，注意观察润滑油母管压力。

（5）待切换阀阀位指针已经指向右侧滤筒。

（6）关闭平衡阀。

（三）试验标准

（1）切换过程中，润滑油系统母管压力等参数无大幅波动，备用润滑油泵和直流润滑油泵无联启。

（2）切换后，润滑油过滤器差压正常，无报警。

五、冷却器切换试验

（一）试验准备

（1）试验人员应掌握本站调相机润滑油系统的运行方式、相关装置分布等知识。

（2）试验人员应熟悉调相机润滑油系统备用冷却器定期切换工作流程、操作要领，以及作业风险。

（3）检查调相机润滑油系统运行参数正常；确认调相机润滑油冷却器运行及备用状态。

（二）试验步骤（以上电机组1号冷却器切换至2号冷却器为例）

（1）打开2号润滑油冷却器水侧排气阀。

（2）打开2号润滑油冷却器循环水进水电动阀。

（3）观察2号润滑油冷却器水侧排气阀连续出水。

（4）关闭2号润滑油冷却器水侧排气阀。

（5）打开2号润滑油冷却器循环水出水电动阀。

（6）打开2号润滑油冷却器油侧排气阀。

（7）打开润滑油冷却器油侧旁通阀。

（8）检查2号润滑油冷却器油侧排气管道温度上升。

（9）检查2号润滑油冷却器进油管道和出油管道温度上升。

（10）缓慢旋转润滑油冷却器切换阀，直至切换阀指针指到2号润滑油冷却器。

（11）关闭2号润滑油冷却器油侧排气阀。

（12）保持润滑油冷却器油侧旁通阀常开。

（13）检查润滑油系统运行正常。

（14）关闭 1 号润滑油冷却器循环水出水电动阀。

（15）关闭 1 号润滑油冷却器循环水进水电动阀。

（16）检查润滑油系统运行正常。

（三）试验标准

（1）润滑油系统油压无大幅波动，压力开关无动作情况，备用润滑油泵未发生联启情况。

（2）润滑油温度稳定，油温无上升趋势。

六、油泵切换试验

润滑油油泵切换试验是模拟事故工况下润滑油泵动作及系统参数变化情况的试验，由于三大主机厂润滑油系统有差异，以带蓄能器润滑油系统为例。

（一）试验准备

（1）分系统调试满足润滑油油质合格，润滑油系统、顶轴油系统的联锁、保护动作正确、可靠，定值正确，设备启、停和运行正常、可靠，润滑油温度达到启动条件。

（2）直流蓄电池组单独供电（断开直流系统交流电源和直流充电装置电源）的情况下满足直流润滑油泵和直流顶轴油泵能运行正常。

（3）调相机本体和辅助系统已经过试运确认正常。

（4）每次试验油泵电机再次启动的间隔时间不得少于 15min。

（5）试验记录仪：电量记录分析仪，从就地控制柜接入下列信号：交流润滑油泵 A 运行信号（油泵 A 交流接触器辅助触点）、交流润滑油泵 B 运行信号（油泵 B 交流接触器辅助触点）、直流润滑油泵运行信号（直流润滑触器辅助触点）、润滑油泵出口总管压力低启备用油泵信号、供油母管压力低启直流油泵信号。为了快速测量压力变化，增加压力变送器及附件 2 套，一套布置在交流泵出口压力开关位置，一套布置在供油口压力开关位置。

（二）试验步骤

1. 调相机 0r/min 工况下油泵切换试验（不带蓄能器）

（1）关闭蓄能器入口截止阀，润滑油系统正常运行中，DCS 联锁投入，就地停运运行中的 A 交流润滑油泵，备用 B 交流泵能正常切换；润滑油泵切换过程中润滑油压力能保持稳定，不会触发低油压跳机保护。

（2）滑油系统正常运行中，DCS 联锁投入，通过拉开运行中的 B 交流润滑油泵就地开关柜电源，备用 A 交流润滑油泵能正常切换；润滑油泵切换过程中润滑油压力能保持稳定，不会触发低油压跳机保护。

（3）润滑油系统正常运行中，DCS 联锁投入，进行交流油泵周期切换试验。A 交流润滑泵切 B 交流润滑泵。

（4）润滑油系统正常运行中，DCS 联锁投入，进行交流油泵周期切换试验。B 交流润滑泵切 A 交流润滑泵。

（5）润滑油系统正常运行中，DCS 联锁退出，就地停运运行中的 A 交流润滑油泵。

2. 调相机 0r/min 工况下油泵切换试验（带蓄能器）

（1）打开蓄能器入口截止阀，润滑油系统正常运行中，DCS 联锁投入，就地停运运行中的 A 交流润滑油泵，备用 B 交流泵能正常切换；润滑油泵切换过程中润滑油压力能保持稳定，不会触发低油压跳机保护。

（2）润滑油系统正常运行中，DCS 联锁投入，通过拉开运行中的 B 交流润滑油泵就地开关柜电源，备用 A 交流润滑油泵能正常切换；润滑油泵切换过程中润滑油压力能保持稳定，不会触发低油压跳机保护。

（3）润滑油系统正常运行中，DCS 联锁投入，进行交流油泵周期切换试验。A 交流润滑泵切 B 交流润滑泵。

（4）润滑油系统正常运行中，DCS 联锁投入，进行交流油泵周期切换试验。B 交流润滑泵切 A 交流润滑泵。

（5）润滑油系统正常运行中，DCS 联锁退出，就地停运运行中的 A 交流润滑油泵。

（三）试验标准

（1）事故工况油泵切换过程不会触发严重故障报警。

（2）模拟交流泵周期切换时不触发交流泵出口压力低启交流备用泵油压压力开关动作。

（3）模拟周期切换试验时不触发直流油泵启动压力低压力开关动作。

第六节 调相机润滑油系统常见异常及处理

一、润滑油压力异常下降

（一）故障描述

润滑油压力下降异常现象：

（1）油泵工作异常；

（2）主油箱油位过低；

（3）润滑油供油管道泄漏；

（4）交、直流润滑油泵出口逆止门不严；

（5）润滑油系统过压阀误动；

（6）润滑油滤网堵塞。

（二）故障处理方法

（1）润滑油压力下降至规定值（如0.50MPa）时，备用交流润滑油泵应自动启动，同时运维人员应现场检查备用交流润滑油泵启动状态；

（2）若备用交流润滑油泵启动正常，油泵进出口压力是否正常，同时监视油系统油压是否恢复正常；

（3）若备用交流润滑油泵故障，视油压下降情况进行手动启动直流润滑油泵，启动后运维人员应现场检查直流油泵运行是否正常，油泵进出口压力是否正常，同时监视油系统油压是否恢复正常；

（4）注意监视调相机组各轴承金属温度和回油温度变化；

（5）检查主油箱油位，如油位低应补油至油位正常；

（6）检查润滑油管路是否有泄漏，如果存在泄漏，应设法隔离及堵漏；

（7）对冷油器进行查漏，若是冷油器泄漏，应切换冷油器，隔离故障冷油器；

（8）检查交流润滑油泵和直流润滑油泵出口压力表，若出口逆止阀不严，应汇报领导，联系检修人员处理；

（9）若确定为润滑油滤网脏，则切换至备用润滑油滤网运行，联系检修人员清理；

（10）润滑油压力降至跳机值（如 0.135MPa），调相机应解列停机，否则应向调度申请停机处理。

二、主油箱油位异常下降

（一）故障描述

主油箱油位下降异常现象：

（1）DCS 及就地油位计显示主油箱油位降低；

（2）油系统有关阀门误开；

（3）主油箱油温下降；

（4）润滑油压力降低；

（5）主机润滑冷油器泄漏；

（6）系统管道泄漏或破裂。

（二）故障处理方法

（1）发现主油箱油位突然下降，应及时对油系统进行全面检查。若油管道破裂漏油时，应设法隔离或堵漏，并联系检修处理。油管路破裂严重时，视情况进行紧急停机处理。

（2）对主机润滑冷油器进行查漏，若主机润滑冷油器泄漏，应及时切换至备用冷油器运行。

（3）如确认为油位计故障，联系检修处理。

（4）若主油箱油温低引起油位下降，将油温提高至正常值。

（5）虽经补油而油位仍降低且无法维持时，应申请紧急事故停机。

（6）油净化装置故障跑油，应立即关闭装置进油门，停运油净化装置。

三、润滑油温异常

（一）故障描述

润滑油温异常升高现象：

（1）冷油器出口油温高；

（2）调相机各轴承温度及其回油温度高报警。

（二）故障处理方法

（1）冷油器冷却水量少或冷却水温度高，应增加冷却水量及降低冷却水温度；

（2）冷油器脏污，切换到备用冷油器运行，同时联系检修处理；

（3）油质恶化，应查明原因消除隐患，并投入油净化装置运行；

（4）若加热器误投，应立即停运，并查明原因；

（5）润滑油温自动调节失灵，应手动调节至油温正常；

（6）若油温高导致轴承温度升高，处理无效，按轴承温度高处理；

（7）若冷油器出口温度升高至 65℃时，无法处理时应申请故障停机。

四、主油箱油位异常升高

（一）故障描述

主油箱油位异常升高现象：

（1）DCS 及就地油位计显示主油箱油位升高。

（2）主油箱油温升高；

（3）润滑油输送系统误操作。

（二）故障处理方法

（1）就地核对油位计是否正常，立即查明原因并做相应处理；

（2）当油位升高时，应进行油箱底部取油检查，并进行取样化验，若油中含水量偏高，则说明油箱进水导致油位升高，严重时应汇报调度，申请停机；

（3）检查润滑油净化装置工作是否正常；

（4）若主油箱油温高引起油位升高，将油温调整至正常值；

（5）若润滑油输送系统误操作引起油位升高，立即停运输送泵，检查系统阀门状态；

（6）加强对调相机轴承振动、温度的监视。

五、油泵组运行异常

（一）故障描述

油泵组运行异常现象：

（1）油泵振动、运行声音异常；

（2）油泵供油压力低或无法供油；

（3）电机发热、过载。

（二）故障处理方法

（1）油泵振动、运行声音异常时，切换备用泵，停用故障泵，检查油泵与电机同轴度是否正常，检查连接螺栓是否松动。

（2）油泵供油压力低时，切换备用泵，不停故障泵，检查并调整泵出口阀门开度。无法供油时，切换备用泵，停故障泵，检查主油箱液位是否正常、油泵吸油口是否被堵塞，出油口阀门是否被关闭。

（3）电机发热、过载时，切换备用泵，停故障泵，检查电气线路、介质温度、泵口阀门开度是否正常。

六、板式冷却器异常

（一）故障描述

板式冷却器异常现象：

漏油、漏水（内漏可以通过检查水中是否含油、油中是否含水来判断）。

（二）故障处理方法

（1）切换备用板冷、停故障板冷；

（2）检查板冷连接螺栓是否拧紧，密封件是否损坏、板片是否被腐蚀。

七、机组惰走/启动期间顶轴油异常

（一）故障描述

顶轴油异常现象：

（1）DCS报顶轴油泵故障；

（2）顶轴油泵出口压力低。

（二）故障处理方法

（1）顶轴油泵故障，现场检查备用油泵投入是否正常；

（2）若备用交流顶轴油泵启动正常，检查油泵进出口压力是否正常，同时监视油系统顶轴油压力是否恢复正常；

（3）若备用交流顶轴油油泵故障，视顶轴油油压下降情况进行手动启动直流顶轴油油泵，启动后运维人员应现场检查直流顶轴油油泵运行是否正常，油泵进出口压力是否正常，同时监视油系统油压是否恢复正常。

（4）若顶轴油油压无法恢复正常，则应停机处理。

（5）调相机再次启动时应严密监视惰走期间轴承金属温度出现异常的轴承，发现温度再次升高应停机检查轴承。

八、皮囊式蓄能器异常

（一）故障描述

皮囊式蓄能器异常现象：

（1）蓄能器接头漏油

（2）蓄能器漏气

（二）故障处理方法

（1）蓄能器接头漏油时，关闭检修阀门，更换相应位置的密封圈；

（2）蓄能器漏气时，检查皮囊压力，重新进行充氮。

九、油系统着火

（一）故障描述

（1）在调相机主油箱有火苗产生；

（2）火灾报警系统发出报警信号。

（二）故障处理方法

（1）立即检查水灭火系统是否启动。

（2）向调度申请停运相应调相机，联系驻站消防队、使用周边灭火设备组织灭火。

（3）灭火过程中做好在运调相机隔离，关闭主油箱至储油箱阀门。

（4）如火势扩大无法控制，撤出全体人员，关闭所有空调和进出通道，隔绝氧气灭火。

（5）危及主油箱时，在紧急停机的同时，应打开油箱事故放油门至事故油池放油。要根据实际情况控制放油速度，使转子静止前，润滑油不致中断。

第七节　调相机润滑油系统典型案例分析

一、交流润滑油泵周期切泵过程直流润滑油泵自启动故障

（一）故障特征

交流润滑油泵周期切泵过程低油压开关动作导致直流润滑油泵自启动。

（二）监测手段

通过后台显示交流润滑油泵周期切泵过程直流润滑油泵自启动，进行现场检查。

（三）发生案例

2019 年 12 月 31 日，某站 1 号调相机（TTS－300－2 型双水内冷调相机）交流润滑油泵 B 周期切换至交流润滑油泵 A 的过程中，"1 号机润滑油母管压力低启交流备用油泵 1"脉冲压力开关动作，导致直流润滑油泵自启动，后由运行人员手动停止。

（四）分析诊断

（1）首先，根据现场了解情况及排查，该直流润滑油泵接线及控制柜接线正常，且根据历史曲线和运行人员描述，该泵在周期切泵操作时经常发生直流润滑油泵联启的情况。判断该泵的联启不是电气方面原因。

（2）其次，调取历史曲线及事件报文，发现在周期切换指令后，交流润滑油泵 A 启动，交流润滑油泵 A 出口压力正常的信号存在 5s 后，交流润滑油泵 B 由 DCS 发出关闭指令，在交流润滑油泵 B 停止过程中，出现了"1 号机润滑油母管压力低启交流备用油泵 1"的脉冲信号（脉冲时间 t<0.1s），此脉冲出现 1s 后，直流润滑油泵启动。

结合事件时序和直流油泵启动逻辑可以判断，此次 1 号调相机直流润滑油泵自动启是由"1 号机润滑油母管压力低启交流备用油泵 1"压力开关动作触发的。

为更好地分析原因，技术人员在检修期间进行了相关试验。

试验主要参数如表 5－2－3 所示。

表 5-2-3 试 验 主 要 参 数

试验项目	交流润滑油泵 A 失电 DCS 启 B	交流润滑油泵 B 失电 DCS 启 A	交流润滑油泵 A 失电就地硬接线启 B	交流润滑油泵 B 失电就地硬接线启 A	交流润滑油泵 A、B 失电联启直流润滑油泵
试验前状态	调相机静止状态,交流润滑油泵 A 运行	调相机静止状态,交流润滑油泵 B 运行	调相机静止状态,交流润滑油泵 A 运行	调相机静止状态,交流润滑油泵 B 运行	调相机静止、交流润滑油泵 B 电控柜内空气开关为断开状态,交流润滑油泵 A 运行
油泵联锁	投入	投入	投入	投入	投入
试验前润滑油母管压力(MPa)	0.5765	0.5748	0.5792	0.5778	0.5767
试验开始动作	拉开空气开关停运交流润滑油泵 A	拉开空气开关停运交流润滑油泵 B	拉开空气开关停运交流润滑油泵 A	拉开空气开关停运交流润滑油泵 B	拉开空气开关停运交流润滑油泵 A
启动备用交流润滑油泵指令时间(ms)	251.5	215.6	35.9	54.0	—
交流润滑油泵出口压力低开关动作时间(ms)	305.4	323.4	—	—	305.4
润滑油母管压力最低时间(ms)	682.6	664.7	502.5	521.0	305.4
润滑油母管压力最低值(MPa)	0.4492	0.4606	0.5060	0.5097	0.3350
直流润滑油泵联锁启动时间(ms)	1293	1365	1275	1347	899

根据试验数据可以得到以下结论:

(1)调相机静止状态下,单台交流润滑油泵运行,润滑油母管压力可以达到 0.58MPa 左右,与润滑油母管压力低开关定值 0.53MPa 较近。

(2)润滑油母管压力开关、润滑油泵硬接线联锁和 DCS 逻辑联锁均可以准确动作。

(3)如果发生交流润滑油泵故障导致油压降低,在联启备用油泵过程中,润滑油母管压力最低值为 0.4492MPa,且在 1s 内润滑油母管压力可恢复到正常值,不会出现跳机事件。

（4）低油压开关 2 处无压力远传测点，调取 1 号机润滑油母管压力曲线检查油压变化趋势，工质在此处流经了冷油器和过滤器，其压力数值相较润滑油出口母管压力数值要低。发现在切泵期间润滑油母管压力数值一直维持稳定，且低油压开关 2 处另一路压力开关"1 号机润滑油母管压力低启交流备用油泵 2"并未发出压力低的脉冲信号，综合判断上述的"1 号机润滑油母管压力低启交流备用油泵 1"脉冲信号为切泵过程油压下降值与压力开关动作值接近触发。且因油压快速恢复至动作值以上，"1 号机润滑油母管压力低启交流备用油泵 2"未发出脉冲信号。

经研判，将交流润滑油泵出口压力低启备用泵开关的定值由 0.53MPa 改为 0.50MPa；随后进行了交流润滑油泵周期切换试验验证正常。该站修改交流润滑油泵出口压力低启备用泵开关定值后，运行过程中进行切泵操作时，直流润滑油泵未发生联启的现象。

二、调相机排烟风机故障

（一）监测手段
通过后台显示故障报警，根据报文信息进行现场检查。

（二）故障特征
排烟风机停止运行，报故障，排烟风机故障联锁动作。

（三）发生案例
2020 年 4 月 13 日，1 号调相机润滑油系统 1 号排烟风机停止运行，报故障，排烟风机故障联锁动作，2 号排烟风机联锁启动后运行正常，润滑油箱真空压力正常。

（四）分析诊断
故障发生后，检修人员现场检查 1 号排烟风机断路器未跳开，热偶继电器动作，对热偶继电器复归后，1 号排烟风机故障信号返回。

检查排烟风机铭牌额定电流 4.73A，热偶继电器定值设定为 5A，测量运行的 1 号机 2 号排烟风机以及 2 号机 1 号排烟风机运行电流均在 3.5A 左右。测量 1 号排烟风机三相对地绝缘以及直流电阻均合格，未发现异常。

现场将运行的 1 号机 2 号排烟风机切换至 1 号排烟风机运行，测量 1 号排烟风机启动电流 33～34A，约 1s 后电流降至 30A，热偶继电器动作，断路器未跳开，进行两次切换，失败的现象相同。由于运行电流远大于额定电流，怀疑排烟风机堵塞。

将 1 号排烟风机尾部风扇罩壳打开，手动盘动电机，发现某个位置有卡涩，同时转动至该位置时有金属摩擦的声音，初步判断 1 号排烟风机内部有堵塞导致运行电流过大，超过热偶继电器设定值，热偶继电器动作。

（五）处置方法

检修人员对 1 号排烟风机解体检查后，发现造成 1 号排烟风机内部堵塞的原因是排烟风机内部排油不及时。因此对排烟风机进行了相应改进，底部增加排油口，方便其内部排油。

（六）预防措施

该缺陷发生的根本原因是排烟风机内部排油不及时导致堵塞。目前已经对排烟风机进行了改进提升，底部增加排油口。运行人员在日常巡视维护时，需要定期对风机进行排油工作，防止风机内部堵塞，再次出现故障。

第六篇

调相机分散控制系统（DCS）

第一章 理 论 知 识

第一节 DCS 系 统 概 述

一、DCS 功能介绍

分散控制系统（DCS）是指采用计算机、通信和屏幕显示技术，实现对生产过程的数据采集、控制和保护等，并利用通信技术实现数据共享的多微型计算机监视和控制系统。调相机 DCS 实现对调相机组的监视和控制，其主要功能包括调相机的辅助系统顺序控制、调相机启停、快速再启动控制等，并满足各种运行工况的要求。DCS 监控范围包括调相机本体及其油系统、冷却系统、外循环水系统、除盐水处理系统等辅助系统，站用电系统，机组励磁，机组变频启动系统（SFC），机组同期装置，故障录波，设备保护等。调相机 DCS 系统主要由现场控制层、集中监控层、 集中控制网络构成，组态软件实现工程的创建、硬件组态、算法组态、在线监视、无扰更新等功能。

国网调相机采用的 DCS 生产厂家主要包括南瑞继保、南瑞水电、ABB、横河系统四种，DCS 典型网络结构如图 6-1-1 所示。

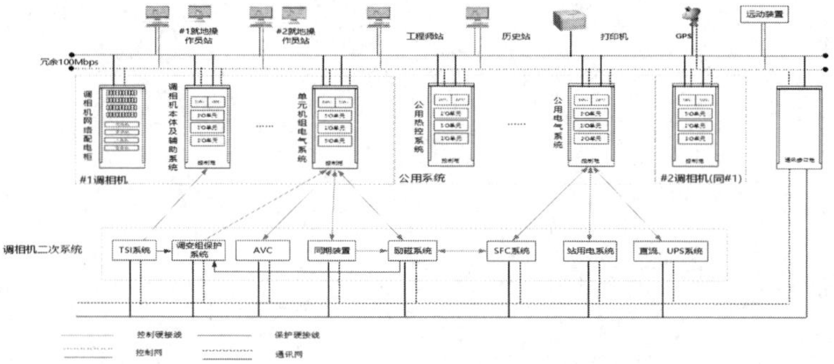

图 6-1-1 典型网络结构图

二、现场控制层

DCS 现场控制层由 DPU 过程控制器及 I/O 单元组成，基本功能包括常规控制、逻辑、顺控和批量控制及通讯功能。现场控制层采集现场信号，进行数据转换与处理，对后台操作站发出的指令进行各种计算，并将计算结果送到现场进行控制。DCS 控制层采用冗余配置模式，包括控制器冗余、供电冗余、IO 网络冗余、监控后台网络冗余等，其中：DPU 控制主机、供电电源、IO 网络、监控后台网络采用双重化冗余配置，重要 I/O 通道采用双重化设置，特别重要的通道和测点采用三重化配置模式。

（一）DPU 控制器

负责数据集中处理、逻辑运算以及指令响应的控制单元。

（二）IO 单元

IO 单元主要是负责接收现场的模拟量和数字量信号然后转换成 DCS 控制器能接收的数字信号的单元，同时将 DCS 控制器所发出的指令转换成模拟量信号和数字量信号到现场仪表。IO 单元主要包含卡件类型及功能如下：

模拟量输入卡（AI）：将来自在线检测仪表和变送器的连续性模拟电信号（4～20mA，0～10V，热电偶 mV，RTD 等）转换成数字信号，送给 DPU 进行处理。

模拟量输出卡（AO）：一般将计算机输出的数字信号转换为 4～20mA DC（或 1～5VDC）的连续直流信号，用于控制各种执行机构。

开关量输入卡（DI）：主要用来采集各种限位开关、继电器或电磁阀连动触点的开关状态、并输入至计算机。

开关量输出通道（DO）：主要用于控制电磁阀、继电器、指示灯等只具有开关两种状态的设备。

（三）电源设计

DCS 设计有两路独立的供电电源，且任何一路电源故障不会引起控制系统任何部分的故障、数据丢失或异常动作；DCS 电源的各级电源开关容量和熔断器熔丝应匹配，防止故障越级；DCS 电源故障设置有告警信号并上送至DCS 后台。

DCS 的控制器、系统电源、为 I/O 模件供电的直流电源，通信模件和变送器的供电电源等均具有独立的冗余的电源，且具备无扰切换功能。

三、集中监控层

集中监控层由工程师站、操作员站、历史站等组成。工程师站实现过程控制应用软件的组态、系统调试和维护等；操作员站实现对调相机各系统的运行过程进行监视、操作、记录、报警、数据通信等功能；历史数据站实现各系统运行过程中的历史数据收集、记录、报表生成等。

（一）工程师站

工程师站主要实现数据库组态、控制逻辑组态和调试、系统管理等功能。

（1）提供对 DCS 进行组态，配置工作的工具软件，并在 DCS 在线运行时实时地监视 DCS 网络上各个节点的运行情况；

（2）系统数据库组态和管理；

（3）控制算法应用软件组态、维护、编译、下载、调试；

（4）操作员站应用软件组态、维护、编译、下载、调试。

工程师站应设置必要手段进行软件权限管理，以防无授权下擅自改变控制策略、应用程序和系统数据库。应用软件采用"硬件加密狗＋密码管理"。

（二）操作员站

操作员站通常应用计算机来作为承载工具。处理一切与运行操作有关的人机界面功能的网络节点。其主要功能为系统的运行操作人员提供人机界面，使操作员可以通过操作员站及时了解现场运行状态、各种运行参数的当前值、是否有异常情况发生等，并可通过输入设备对工艺过程进行控制和调节，以保证生产过程的安全、可靠、高效、高质。

（三）历史数据站

历史数据站实现各系统运行过程中的历史数据收集、记录、报表生成等。

四、集中控制网络

DCS 系统网络的拓扑结构为星型网络，整个网络结构通过数据交换机将就地各 DPU 装置和 DCS 监控后台联系起来。每台机 DPU 装置及公用系统 DPU 装置通过百兆网线或光缆连接到各自网络交换机，通过网络交换机将数据信息上传到调相机网络，从而实现各 DPU 装置及监控后台的数据共享。

五、软件系统

计算机监控系统操作员站、工程师站、历史站一般选用 Widows 平台。应用软件系统包括数据库组态软件、流程图组态软件、SAMA 图组态软件、监控软件等。各软件具体功能如下：

（1）系统数据库组态：完成对系统中过程控制站的配置、模块配置和所有数据点的配置，及相关的修改、查询功能，还具有在线查询数据点的当前值和状态值的功能。

（2）SAMA 图组态：以算法块为基础，通过图形组态方式，完成对系统中过程控制站的模拟量控制功能和逻辑控制功能组态及相关的修改，还具有在线调试功能。

（3）图形组态：用来绘制操作员站的监控画面。它为用户提供了各种基本绘图工具，如直线、矩形、圆角矩形、椭圆、扇形、多边形、折线、文字、位图、3D 图形等，所有图形均可定义动态属性。还提供动态数据点连接工具，如模拟量点、开关量点、棒图、指针、实时曲线、XY 曲线、报警等。同时可以组态人与系统交互的按钮和热点。

（4）监控：用图形组态软件绘制的监控画面通过它显示出来，操作员通过彩色动态画面，可以进行生产过程的监视、操作。

（5）趋势曲线：趋势曲线包括实时趋势曲线和历史趋势曲线。趋势曲线程序是多文档程序，每个文档包含一个趋势组，并保存成单独的文件。实时趋势中的趋势点从系统数据库中读取数据点信息，接收实时广播数据，实时显示数据点的变化趋势，实时趋势能够取得所需的当前数分钟前的历史数据，实现历史与实时的无缝对接；历史趋势从历史数据库里读取数据点信息，并从历史库数据文件里读取数据，显示指定时间区间的变化趋势。

（6）报警：报警包括实时报警列表和历史报警查询两项。实时报警的功能是将实时数据中的报警点显示在报警栏中并发出声音信号。历史报警设定查看历史报警的起始和终止时间，将历史报警文件中位于起始终止时间之间的报警显示在报警栏中。

（7）自诊断：自诊断软件用来监视整个 DCS 系统中从上位操作员站，工程师站到下位过程站，I/O 网，模块，数据通道的所有状态。为用户了解 DCS

系统运行状态提供充足的信息。

（8）历史数据记录：这是在历史数据站上运行的程序。不需要组态历史数据库，所有系统数据库中的点存储在历史数据中，采用新的压缩技术，实现实时数据库与历史数据库等同，实现了实时趋势显示和历史趋势显示的无缝对接。

（9）事件列表：该软件一般在历史记录站运行，包括操作记录报表和 SOE 事件报表两个部分，操作记录包括所有操作员的操作记录，SOE 记录分辨率为 1ms。

（10）统计报表：该软件一般在历史记录站运行，可以生成生产过程各种参数、性能指标、运行状况的报表。

（11）对外通信接口：提供对外通信接口服务，实现 DCS 和其他数字设备的高性能数据通信。

（12）GPS 授时：通过通信口接收来自 GPS 模块授时信息，为 DCS 系统提供标准时钟。

第二节　DCS 监控功能

DCS 系统按功能可分为数据采集系统（DAS）、模拟量控制系统（MCS）、顺序控制系统（SCS）和联锁保护（PRO）。监控范围包括主机、润滑油系统、内冷水系统（双水内冷机组）、外冷水系统、除盐水系统和站用电系统等部分。

一、数据采集系统

数据采集系统采集和处理所有与机组有关的重要测点信号及设备状态信号，以便及时向操作人员提供有关的运行信息，实现机组安全经济运行。一旦机组发生任何异常工况，及时报警，提高机组的可利用率。其主要功能包括：

（1）按照规定的扫描周期，完成工艺过程变量的采集和处理。过程变量包括一次参数（如压力、温度、流量、液位等），二次参数（如平均值、差值、变化率、效率等）以及设备运行状态。对过程变量的处理包括：正确性判断、非线性校正、数字滤波、工程单位变换、开关量的有效性检查等。

（2）报警监视：可以对任一输入过程变量或计算值进行限值检查，按时间顺序以及优先级显示和打印报警。

（3）显示：在 LCD 上可显示系统流程图、控制和调节对象、趋势图、棒状图、报警页面、操作指导画面等。

（4）制表记录：包括定期记录、报警记录、事故追忆记录、事故顺序记录、跳闸一览记录、操作记录等。

（5）历史数据存储和检索：保存调相机系统长期的详细运行资料，具备系统和网络管理、数据库管理、数据存储及检索功能。在监控系统的任何操作员站上均应能进行历史数据的检索。

二、模拟量控制系统

模拟量控制系统是对调相机及辅助系统的有关模拟量参数进行连续闭环控制的自动控制系统。其主要功能是使被控模拟量参数值维持在设定范围或按预期目标变化，确保各系统的稳定运行。在机组启动、停止、正常运行和事故处理中，MCS 与顺序控制系统（SCS）配合，完成各种控制调节任务。其主要控制内容包括：

（1）将调相机、励磁系统作为整体进行控制，使调相机和励磁系统同时响应控制要求，确保机组快速、稳定地满足负荷变化并保持稳定运行；

（2）维持调相机冷却介质温度相关的电动调节阀控制，包括定、转子水热交换器开式冷却水回水电动调节阀控制（双水内冷机组）、润滑油热交换器开式冷却水回水电动调节阀控制、空气冷却器开式冷却水回水电动调节阀控制等；

（3）维持转子冷却水箱液位的转子冷却水箱补水电动调节门控制；

（4）控制贮油箱输送泵出口压力的贮油箱输送泵再循环电动调节阀控制；

（5）维持外循环水供水温度的机械通风冷却塔风机控制。

三、顺序控制系统

顺序控制系统主要用于对设备的启动和停止条件进行规定，实现调相机及各辅机系统的顺序控制功能。它规定了所控设备的启动（打开）、停止（关闭）条件，以及成组设备启停的先后顺序。顺序控制系统主要实现功能包括：根据运行人员指令实现程序暂停或中断；根据运行人员指令实现顺序跳步功能；顺序执行过程中发生故障时自动中断程序，报警并使设备处于安全状态；LCD上能显示操作指导、设备和顺序执行状态以及各种报警信息。

顺序控制系统主要控制内容包括：

（1）调相机本体一键启停机及自检顺控、故障停机顺控；

（2）定转子水系统的一键启停机及自检顺控、电加热器启停控制（双水内冷机组）；

（3）润滑油系统一键启停机及自检顺控、顶轴油系统一键启停机顺控、电加热器启停控制、润滑油箱排烟风机控制、油净化系统控制；

（4）外冷水系统的一键启停机顺控；

（5）除盐水系统一键启停机及自检顺控，超滤产水系统启停机顺控、反渗透系统启停机顺控、EDI 产水一键启停机顺控等；

（6）润滑油贮存、净化及输送系统的一键启停机及自检顺控等。

四、联锁保护

联锁保护用于保护关联设备或系统以及人身安全。当各系统变量或设备运行状态发生异常并接近危险值时，联锁保护系统会按照预先设计好的逻辑关系启动备用设备，以实现安全保护。触发联锁保护动作的条件通常包括压力、温度、流量、液位等量化参数。当这些参数超过限定值时，联锁保护系统会触发动作。联锁保护主要控制内容包括：

（1）调相机润滑油泵、顶轴油泵、电加热器、排油烟风机的联锁控制；

（2）调相机定转冷却水泵、电加热器的联锁控制（双水内冷机组）；

（3）外循环水泵、机械通风冷却塔风机联锁控制；

（4）除盐水原水箱入口电动门的联锁控制、原水泵/反洗水泵/RO 给水泵/一二级高压泵/EDI 给水泵/纯水输送泵的联锁控制。

第二章 技 能 实 践

第一节 DCS 运 行 维 护

一、一般规定

（1）系统运行期间，不得在计算机控制系统 3m 以内的范围内使用对讲机。

（2）可能引入干扰的现场设备除检查回路接线应完好外，还应对该设备加装屏蔽罩。

（3）调相机 DCS 软件修改、审批和现场实施应严格遵守国家电网有限公司调相机控制及非调管保护软件运行管理实施细则相关规定要求，软件修改加密装置由运行人员统一管理，严格履行出入登记手续。

（4）建立计算机控制系统硬、软件故障记录台账和软件修改记录台账，详细记录系统发生的所有问题（包括错误信息和文字）、处理过程和每次软件修改记录。

（5）防止将电脑病毒带入，工程师站上不应安装任何其他第三方软件，U盘须专盘专用。

（6）日巡检中，应做好 DCS 系统屏柜外观检查，元器件、接线检查，密封检查，DCS 后台及配电屏检查，做好 DCS 系统操作员站、服务器等计算机设备时间的检查核对与修改，做好缺陷记录；并按有关规定及时安排消缺；DCS 专责工程师应定期对巡检记录进行检查，对处理情况进行核查。

（7）电子设备间、工程师室和控制室内的环境指标符合基本要求或符合制造厂的规定。

二、日常巡视

运行过程中，日常巡视主要内容如下：

（1）无功功率、定子电压、定子电流、励磁电压、励磁电流、站用电电压、系统母线电压、主变油温、主变绕组温度、励磁变温度、封闭母线温湿度等。

（2）主机转速、轴承振动、转子振动、局部放电监测、转子匝间短路探测（如配置）、转子绕组接地探测、绝缘过热、漏液检测等。

（3）定、转子冷却水进/出口温度、定、转子冷却水流量、定、转子冷却水进口压力、定、转子冷却水电导率及 pH 值、定、转子冷却水进口压力、定、转子水泵电流、定子水压差等。

（4）润滑油系统轴瓦温度、进出口及油箱温度、交流润滑油泵电流、润滑油压力、蓄能器压力、油箱内部压力、油箱液位等。

（5）热工保护三取二信号、轴、瓦振通道状态、TSI 报警信号等。

（6）主机本体线棒层间温度、线棒出水温度、铁心齿部温度、铁心轭部温度、压圈内外部温度、铁心背部温度、集电环温度等。

（7）监视并确认润滑油、冷却水系统联锁、泵体等设备工作正常。

（8）监视并确认电气、励磁、站用电系统等设备工作正常、无异常报警信号。

三、定期维护

运行过程中，定期检查维护以下主要内容如下：

（1）操作员站、通信模块及接口、主从控制器状态、通信网络工作状态、系统切换状况、电源模块及主备用工作状态应正常。

（2）历史数据存储设备应处于激活状态（或默认缺省状态），光盘或硬盘应有足够的余量，否则及时予以更换。

（3）定期（每季度）用专门的光驱清洁盘对光驱进行清洗，保持光驱的清洁。

（4）检查各散热风扇应运转正常，若发现散热风扇有异音或停转，应查明原因，及时处理。

（5）检查各操作员站、工程师站和服务站硬盘应有足够的余量，否则应检查并删除垃圾文件或清空打印缓冲池。

（6）定期进行口令更换并妥善保管。

（7）定期进行计算机控制系统组态和软件、数据库的备份。

（8）定期检查并记录各机柜内的各路输入、输出电源电压，若发现偏低应查明原因及时处理。

（9）定期清扫机柜滤网和通风口，保持清洁，通风无阻。

第二节　DCS 例 行 检 修

DCS 检修内容包含控制柜设备检修、控制层设备检修。控制柜设备包括控制屏（含电源屏、网络屏、紧急停机屏）、控制器、I/O 单元、端子、电缆及电缆标识牌、盘柜照明、电源模块、继电器、通信设备等。控制层设备包括服务器、工程师站、操作员站、历史站、计算机外围设备等。由于热工保护转换装置柜与 DCS 屏柜的结构和功能类似，该屏柜的检修也归在 DCS 控制柜设备里。DCS 检修项目及其质量要求，按照调相机 A 级检修或 C 级检修执行，具体参见 Q/GDW 11937《快速动态响应同步调相机组检修规范》附录详表 F1、表 F2 的规定。

一、控制柜设备检修

（一）检修概述

控制柜设备主要包括控制屏、控制器、I/O 单元、端子、电缆及电缆标识牌、盘柜照明、电源模块、继电器、通信设备等。检修前，机组及与 DCS 系统相关的各系统设备停运，控制系统退出运行，停运待检修的子系统和设备电源。

（二）检修内容

1. 控制屏检修

将机组及与 DCS 系统相关的各系统设备停运，控制系统退出运行，停运待检修的子系统和设备电源，并按照下列要求进行检修工作。

（1）屏柜清扫、滤网（如有）更换。柜内设备、滤网是否清洁无尘，对每个需清扫模件的屏柜和插槽编号、跳线设置做好详细、准确的记录。

（2）模件、散热风扇等部件清扫，外观是否清洁无灰、无污渍、无明显损伤和烧焦痕迹；模件上的各部件是否安装牢固，跳线和插针等设置是否正确、接插是否可靠；熔丝是否完好，型号和容量是否准确无误；所有模件标识是否正确清晰。

（3）检查柜内模件的掉电保护开关或跳线设置是否正确。

（4）模件检查完毕，屏柜、机架和槽位清扫干净后，逐个装回到相应槽位中，检查就位是否准确无误、可靠，并检查各连接电缆是否接插到位且牢固无松动。

（5）模件通电前，对带有熔丝的模件，核对熔丝是否齐全，容量是否正确；模件通电后，各指示灯是否指示正确，散热风扇是否运转正常。

（6）电缆、回路接线、线槽盖板整理，防火封堵检查。接线是否正确，线槽盖板是否无缺失、无破损，防火封堵是否良好。

（7）电缆绝缘检查。对热工保护信号、油水系统主泵控制回路的电缆进行绝缘检查，是否符合 DL/T 774《火力发电厂热工自动化系统检修运行维护规程》中相关规定。

（8）端子、卡件清扫及检查。

（9）加热器和温控器（如有）、盘柜照明、模件指示灯检查。

（10）接地检查。接地电缆是否完好，铜排是否无损坏，接线是否正确、无破损。

（11）电测仪表（如有）校验及更换。是否符合产品说明书要求。

（12）继电器（可插拔）检查。检查油水系统主泵控制回路的出口继电器是否能正确动作，参数满足产品说明书要求。

（13）程序版本核对。程序版本是否与厂家说明书一致。

（14）与其他控制保护装置或系统的通信或硬接线回路检查。

（15）时钟同步检查。时钟与电站控制层标准时钟同步装置是否同步。

2. 电源设备检修

（1）不间断电源（UPS）检查：

1）UPS 电源系统正常，接线完好，接地正常，冗余切换功能正常、无扰动。

2）UPS 清扫检修后，外观检查应清洁无灰、无污渍；输出侧电源分配盘电源开关、熔丝及插座应完好。

（2）模件电源、系统电源和屏柜电源检修。

1）清扫与一般检查：清扫电源设备和风扇，各连线、连接电缆、信号线、电源线、接地线应无断线或松动，并重新紧固；电源内部大电容应无膨胀变形或漏液现象；检查熔丝应无损坏。

2）上电检查：

a. 通电前检查电源电压等级设置应正确；通电后电源装置应无异音、异味，温升应正常；风扇转动应正常、无卡涩、方向正确。

b. 根据要求测量各输出电压应符合要求。

c. 启动整个子系统，工作应正常无故障报警，电源上的各指示灯应指示正常。

d. 对于冗余配置的电源，关闭其中任何一路，检查相应的控制器应能正常工作，否则应进行处理或更换相应电源。

3. 网络及接口设备检修

（1）通信网络检修：

1）检查通信电缆是否破损、断线，光缆布线是否弯折；电缆或光缆是否绑扎整齐、固定良好；金属保护套管的接地是否良好。

2）紧固所有连接接头（或连接头固定螺丝）、各接插件（如 RJ45、AUI、BNC 等连接器）和端子接线。

3）通电后，检查模件指示灯状态或通过系统诊断功能。冗余总线处于冗余工作状态，各状态指示灯是否均显示正常。

4）所有 I/O 通道及其通信指示是否均正常。

（2）网络接口设备检查：

1）对交换机、集线器、耦合器、转发器、光端机等网络设备内、外进行清扫、检修，紧固接线；检修后设备外观应清洁无尘、无污渍。内部电路板上各元件应无异常，各连接线或电缆的连接应正确、无松动、无断线；各接插头完好无损，接触良好；测试风扇和设备的绝缘是否符合要求。

2）检查各光缆接口、RJ45 接口和/或 BNC 接口等，是否无断裂、断线和破碎、变形，连接正常可靠。

3）装好外壳，上电检查，是否无异音、异味，风扇转向正确；自检无出错，指示灯指示是否正常。

二、控制层设备检修

（一）检修概述

控制层设备主要包括服务器、电源、工程师站、操作员站、接口机站、网络通信设备、计算机外围设备等。控制层设备的检修主要包括工作站及其辅助设备的检查和软件的检查及维护。

（二）检修内容

1. 服务器、工程师站、操作员站等检修

服务器、工程师站、操作员站等应无异常或出错信息提示，若出现提示错误并自动修复，应重新正常停机后再次启动操作系统一次，检查错误应完全修复，否则应考虑备份恢复或重新安装。

2. 计算机外围设备检修：显示器、打印机、鼠标、监盘的检修

3. 软件检查

（1）操作系统检查；

（2）应用软件及其完整性检查：

1）DCS 系统逻辑组态修改等工作完成后，需再次进行软件备份。

2）根据制造厂提供的软件列表，检查核对应用软件应完整。

3）根据系统启动情况检查，确认软件系统完整。

4）启动应用系统软件过程应无异常，无出错信息提示（对于上电自启的系统，此过程在操作系统启动后自动进行）。

5）分别启动各操作员站、工程师站和服务站的其他应用软件，应无出错报警。

6）使用提供的实用程序工具，扫描并检查软件系统完整性。

7）启动 DCS 系统自身监控、查错、自诊断软件，检查其功能应符合制造厂规定。

（3）权限设置检查：

1）检查各操作员站、工程师站和服务站的用户权限设置，应符合管理和安全要求。

2）检查各网络接口站或网关的用户权限设置，应符合管理和安全要求。

3）检查各网络接口站或网关的端口服务设置，关闭不使用的端口服务。

（4）数据库检查：

1）数据库访问权限设置应正确，符合管理和数据安全要求。

2）对数据库进行探寻，各数据库或表的相关信息应正确。

3）数据库日志记录若已满，应立即备份后清除。

第三节　DCS　试　验

DCS 系统检修期间需要进行的试验，主要有 DCS 硬、软件的性能试验，顺序控制系统试验、模拟量控制系统试验以及热工保护系统试验。

一、DCS 性能试验

调相机 DCS 系统性能试验，主要包括一般性能试验、系统容错性能测试、系统实时性能测试、模件信号处理精度测试、系统响应时间测试、系统存储余量和负荷率测试、控制系统基本功能测试等。

（一）试验目的

通过对 DCS 系统的性能测试，检验 DCS 系统中所有硬件、软件的性能，I/O 系统的精度、抗干扰能力及系统的可靠性，可维护性和实时性等技术经济指标，符合相关标准的要求。

（二）试验项目

1. 一般性能试验

（1）DCS 抗干扰能力测试

（2）冗余切换试验

1）操作员站和服务站冗余切换试验；

2）控制站主控制器和模件冗余切换试验；

3）通信总线冗余切换试验。

4）模件、系统或机柜供电冗余切换试验；

5）控制回路冗余切换试验。

2. 系统容错性能试验

（1）系统与外围设备的容错和重置试验；

（2）模件热拔插试验。

3. 系统实时性测试

（1）调用显示画面响应时间测试；

（2）显示画面显示数据刷新时间测试；

（3）开关量采集的实时性测试；

（4）控制器模件处理周期测试。

4. 系统响应时间测试

（1）开关量操作信号响应时间测试；

（2）模拟量操作信号的响应时间测试。

5. 系统存储余量和负荷率测试

DCS 的中央处理单元（CPU）负荷率，通信负荷率的测试方法由 DCS 厂家提供，经用户认可后方可作为测试方法使用，如 DCS 厂家不能提供测试方法，则由用户确定测试方法，作为考核 CPU 负荷率、通信负荷率的依据。包括存储余量测试和 CPU 的负荷率测试。

6. 模件信号处理精度测试

（1）一般测试要求；

（2）模拟量输入（AI）信号精度测试；

（3）脉冲量输入（PI）信号精度测试；

（4）模拟量输出（AO）信号精度测试；

（5）脉冲量输出（PO）信号精度测试；

（6）开关量输入（DI）信号正确性测试；

（7）事件顺序记录（SOE）开关量输入通道正确性检查；

（8）开关量输出（DO）信号正确性测试；

（9）通道输出自保持功能检查。

7. 系统接地电阻测试

测试每个机柜的接地电阻，是否符合接地电阻的要求，若制造厂无特殊要求，采用独立的接地网时接地电阻应不大于 2Ω，连接电气接地网时接地电阻应不大于 0.5Ω；每个机柜的交流地与直流地之间的电阻应小于 0.1Ω。

8. 控制系统基本功能试验

（1）系统组态和在线下载功能试验，检查确认组态软件功能应正常；

（2）操作员站、人机接口站功能试验；

（3）报表打印和屏幕拷贝功能试验；

（4）历史数据存储和检索功能试验；

（5）性能计算功能检查；

（6）通信接口连接试验。

二、顺序及联锁控制系统试验

（一）试验目的

顺序及联锁控制系统试验是对调相机组运行关系密切的所有辅机以及阀门、执行机构等设备在启、停或开、关过程中综合逻辑操作的正确性进行验证。

（二）试验项目

主要包括以下分系统：

（1）一键启停、故障停机顺序控制系统试验；

（2）润滑油系统的顺序控制，主要包括顶轴油泵联锁试验、润滑油泵联锁试验、润滑油系统程序控制系统试验；

（3）外冷却水系统的顺序控制，主要包括外冷却水系统的顺序控制、工业水泵联锁试验、外冷却水系统程序控制系统试验；

（4）除盐水系统顺序控制系统试验（双水内冷机组）；

（5）定子冷却水系统顺序控制系统试验（双水内冷机组），主要包括定子冷却水泵联锁试验、定子冷却水系统程序控制试验；

（6）转子冷却水系统顺序控制系统试验（双水内冷机组），主要包括转子冷却水泵联锁试验、转子冷却水系统程序控制试验。

三、模拟量控制系统试验

模拟量控制系统（简称 MCS）实现对调相机运行过程中相关模拟量参数（如：定子冷却水温度、转子冷却水温度、润滑油温度、冷却风温度、循环冷却水温度、除盐水系统流量、润滑油输送泵出口压力等）的闭环控制，使被控模拟量数值维持在设定范围内。

（一）试验目的

通过模拟量控制系统试验，验证系统的闭环控制功能，从而保证被控量数值在设定的范围内稳定变化，并通过测试验证系统达到国家和电力行业的有关规程规范要求，以及设计的功能要求和性能指标。

（二）试验项目

（1）回路接线检查。对信号回路及执行回路的接线正确性进行检查。主要包括现场执行机构至 DCS 机柜之间的操作回路以及变送器、热电阻，各开关量信号等回路。对不正确的线路进行修改，为下一步工作做充分的准备。

（2）卡件校验。在软手操调试之前，对 DCS 重要信号卡件进行校验。包括 AI、AO、DI、DO 等信号的校验。

（3）变送器检查及校验。对变送器的校验报告进行细致的检查，对重要信号的取源部件进行检查。对孔板的出厂标定报告，设计计算书，安装取压正确情况进行检查。

（4）执行机构手操调试。将 DCS 调节系统与执行机构联调，检查调门开度与阀位反馈是否一致，检查执行机构死区和灵敏度是否合理，执行机构刹车是否可靠，有无晃动现象等。对各执行机构零位、满度、死区等进行调整，使之满足要求。

（5）调节系统的静态投入。将相应的控制模块切为手动，模拟信号输入，使调节系统满足投入条件，将各系统自动静态投入，观察投入时有无切换扰动，用改变定值、被调量及其他调节参数（用控制模块手动模拟）的方法观察自动调节系统动作情况，确认调节方向的正确性并反复动作观察，在此基础上对调节参数进行预整定，优化控制策略，提高控制品质，从而确定各被调参数的稳态、动态品质指标。调节品质不符合要求的控制系统，进行其 PID 调节参数整定或修改控制策略，以满足调节品质指标要求。

（6）调节系统动态特性试验。当系统发生阶跃扰动时，求取控制参数变化的特性曲线，分别在高负荷和低负荷工况下进行两次试验。控制参数变化稳定，符合相关标准要求。

注：该试验建议在 A 修时进行，C 修时各站根据设备运行情况决定是否进行。

第四节　常见故障及处理措施

一、控制系统电源失去冗余

（一）故障描述

DCS 后台网络结构画面中网络图形报 DCS 任一路电源故障报警。

（二）故障处理方法

（1）先到电子间 DCS 总电源柜用万用表检查故障路进线电源，测量进线电压是否为 220V AC，如果不正常，则判断保安段或 UPS 段电源故障，检查并恢复正常供电。如果进线电源为正常 220V AC，则判断故障为 DCS 电源回路故障，检查故障 DCS 总电源柜内送至各机柜空气开关状态，用万用表检查各机柜电源出线是否有接地现象，若有接地，检查消除接地点，再准备恢复DCS 电源。

（2）确认可以恢复故障路 DCS 供电时，应汇报值长确认就地无电气人员进行现场工作后，方可重新上电。

（3）故障路 DCS 柜重新送电后，检查设备状态、参数指示及画面显示均正常。

二、控制系统任一对冗余控制器均故障

（一）故障描述

（1）该控制器所辖所有信号测点均呈灰色，且数据不刷新。

（2）该控制器控制的设备均呈紫色，且无法操作。

（二）故障处理方法

（1）当重要控制系统冗余控制器同时故障时，确认该控制器的控制范围，减少对该控制器内设备不必要的操作，同时应通过就地仪表和其他控制器，加强对故障控制器系统重要参数的监控。

（2）对于需要操作的设备，泵与风机应从电气操作，电动门需就地操作，对于需要监视的设备和测点，要派人员到就地进行监视。

（3）将所控制的设备、重要信号进行隔离（置就地位、强置、短接等），

若是不重要控制系统冗余控制器同时故障，只需进行下面的步骤。

（4）如果控制器状态灯不亮，拔插后仍无法上电，应立即更换至可用卡槽，排除卡槽故障导致模件无法上电。

（5）如果控制器故障灯亮，确认替换控制器型号、版本号和拨码开关后，应立即更换该控制器。

三、I/O 设备故障

（一）故障描述

故障 I/O 设备所辖部分或全部数据呈灰色，且数据不刷新，部分或全部控制设备（如泵机、电动门、调节阀等）无法操作。

（二）故障处理方法

（1）通过画面状态显示、报警信息、工程师站逻辑组态等确定故障 I/O 设备所对应物理位置，并做出故障原因初步判断。

（2）核查并列出故障 I/O 设备所涉及联锁、保护及自动，配合运行人员解除相关联锁、保护及自动，暂停或减少相关设备的操作并做好必要的隔离和防误动措施。如有必要则强制相关信号。

（3）检查有无烧灼气味，以排除端子板串入强电。

（4）如个别信号故障，测量输入信号，确保信号正常的情况下更换到备用通道，做好逻辑变更及在线下装工作。

（5）如开关量输入 I/O 设备出现规律性的故障，比如前 8 个通道故障，或后 8 个通道故障，可以判断为电源问题，检查端子单元供电电源及保险，并更换相应保险即可。

（6）检查模件物理地址与逻辑地址是否匹配，检查槽位是否故障，检查接插件是否松动，以及其他原因导致的通信故障。

（7）直至更换模件、端子单元、预制电缆等 I/O 设备。在更换 I/O 设备时应先确认设备型号、版本、地址跳线及其他内部跳线设置等正确无误。

（8）通过后台界面在线查看该 I/O 设备工作状态，当所有显示正常后，通知运行人员恢复相关设备远方控制，并恢复相应联锁、保护、自动。

第五节　DCS 典型案例分析

一、DCS 控制器缓存数据处理机制不完善

（一）故障描述

2020 年 7 月 16 日，某站正常运行过程中，1 号调相机润滑油供油口压力低热工保护动作紧急停机。

（二）原因分析

通过调取历史曲线显示在#1 机热工保护紧急停机前，#1 调相机润滑油母管压力基本维持在 0.4MPa，油压正常，未发生突变。

查看后台事件记录，在发出"#1 机热工保护紧急停机"信号前无备用润滑油泵启动信号，无直流润滑油泵启动信号。同时查看历史曲线，在故障前后#1 机润滑油输送主油管压力低 1/2（启备用泵）、#1 机润滑油供油口压力低低 1/2（启直流泵）信号一直为 0。

查看#1 调相机非电量保护装置 C1、C2、C3，装置无任何动作、自检、变位报告。后台事件记录也无任何保护动作信号。

综合上述分析，基本排除#1 机润滑油供油口压力低导致机组跳闸的可能性，初步判断可能故障原因为 DPU01 主从控制器异常切换误发跳闸信号所致。

查看 DCS 后台事件记录，收集整理 DPU01 主从控制器装置日志、板卡故障日志及串口打印信息，进行进一步分析。此次故障的主要原因为 DCS 控制器缓存数据处理机制不完善。PCS－9150 型 DCS 从 DPU 控制器报文缓冲区处理机制不完善，从 DPU 报文被操作系统协议栈缓存，并且在缓存区满之后不再接收新的报文，导致缓冲区内存储的为历史报文。当从 DPU 升为主机时，会优先处理报文缓冲区内的数据，再接收控制器间通信点的实时数据，可能会有缓存区内历史信号的误报警信号发出，严重情况下，当历史报文存在跳机信号时（实际的跳机信号已复归），会执行跳机逻辑。

（三）处理措施

（1）升级所有主从控制器程序。完善从 DPU 控制器间通讯点的报文缓冲区处理机制，实时读取操作系统协议栈缓存，不再存储历史报文。当从 DPU 升为主机时，直接接收控制器间通讯点的实时数据。

（2）在每次检修完，投运前需对所有控制器进行断电重启，并对所有故障报文进行分析清理，确认系统正常后才能投运。

（3）按照《国家电网有限公司调相机控制保护系统软件运行管理规定》要求，加强现场软件管控，并严格管理现场软件版本及校验码。

（4）工程师工作站控制保护程序管理软件应使用硬加密狗＋密码的方式管理，加密狗及密码由运维单位保管，正常运行时应退出登录。只有插上硬加密狗＋密码，才有权限修改 DCS 组态。没有硬加密狗，只有浏览权限。

二、DCS 电源配置不合理

（一）故障描述

2021 年 8 月 9 日 6 时 16 分，某站调相机 DCS 后台报：#2 调相机外冷水系统非电量保护停机输入信号 1，#2 调相机外水冷系统非电量保护停机输入信号 2，#2 调相机外水冷系统非电量保护停机输入信号 3，#2 调相机外冷水系统非电量保护动作，5022、5023 断路器断开，#2 调相机跳机。

（二）原因分析

现场一次设备检查。

（1）外冷水系统检查。

检查设备外观无异常，无异响，无渗漏水，主循环泵运行正常。冷却塔，空冷器风机等运行正常。

（2）主机及附属系统检查。

检查主机设备外观无异常，轴振和瓦振数据正常；润滑油系统设备外观无异常，轴承供油温度、润滑油供油母管压力正常。

（3）二次设备检查。

1）DCS 后台设备检查。

检查 DCS 后台发现，C138 控制器下 C1M01－C1M06 板卡离线。

2）DCS 现场设备检查。

现场检查发现#2 调相机外冷水系统 DCS 机柜 1 内某板卡均失电，该柜中 24V DC 电源分配板（A、B 套）的某回路故障灯亮，表明该回路电源出现异常，其他设备外观检查无异常。

针对跳机前后波形及分析结果，开展排查。

通过对 24V 电源分配板检查及，板卡供电底座检查，确认故障位置位于 C1M01 板卡供电底座，C1M01 板卡供电底座故障，造成供电回路电压降低，因双套控制器与 I/O 板卡供电未完全独立，导致屏柜内主从控制器复位重启。

（三）处理措施

（1）现场临时处置措施：更换 C1M01 板卡供电底座。将 C138 1A/1B 电源分配板只保留控制器和通讯模块供电，其他板卡的供电转到 C138 2A/2B 电源分配板。

（2）外冷水系统就地增加流量传感器及压力变送器，满足三重化配置，并保证流量、压力信号接入不同的 DCS 板卡。

（3）DCS 控制器与 I/O 板卡均配置冗余的电源模块，且保证供电相互独立，确保 I/O 板卡故障不会影响控制器供电。

（4）完善控制逻辑，提升控制器容错能力。热工保护逻辑中增加模拟量输入信号品质（含板卡故障信号）判断，当 I/O 板卡出现故障时，闭锁保护信号出口，防止保护误动作。

第七篇

调相机组继电保护

第一章　理　论　知　识

第一节　保　护　装　置　概　述

继电保护配置

（一）继电保护配置特点

同步调相机根据其机组容量和接线方式，配置了与一般同步发电机类似的保护，同时又因为同步调相机具有无原动机等特性和变频启动、进相运行等特殊运行工况，故与传统发电机相比未配置失步保护、频率异常保护和逆功率保护，另外失磁保护等原理有所不同。

调相机组的保护配置应能可靠地检测出调相机可能发生的故障及不正常运行状态，同时，在继电保护装置部分退出运行时，应不影响机组的安全运行。在对故障进行处理时，应保证满足机组和系统两方面的要求。调相机组保护组屏典型方案见图 7-1-1。

调相机组电气量保护采用双重化配置，每套保护应包含调相机、励磁变、主变压器完整的主保护和后备保护，能反映被保护设备的各种故障及异常状态。各套保护采样、开入、出口等回路相互独立，互不影响，当一套保护因异常需要退出或检修时，不应影响另一套保护正常运行。

调相机组非电量保护装置及配合回路采用三重化配置。动作于跳机的开关量信号应直接接入非电量保护装置，动作于跳机的模拟量信号通过三套独立的信号转换装置转换为开关量后接入非电量保护装置。三重化配置的保护装置及配合回路之间应完全独立，无直接的电气联系。

调相机组转子接地保护采用双重化配置，一套为注入式接地保护，另一套为乒乓式接地保护，两套保护采样、开入、出口等回路相互独立，互不影响，且运行中只能投用一套。

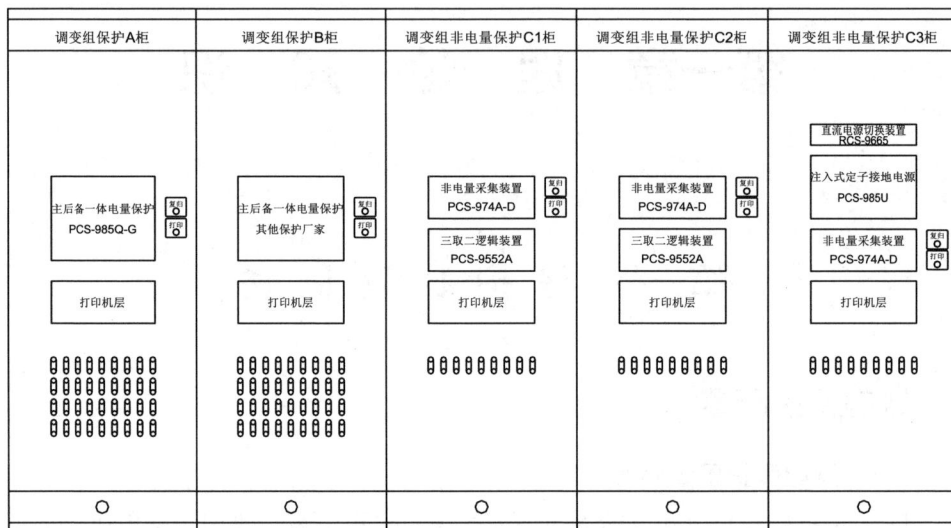

图 7-1-1　调相机组保护组屏方案

（二）继电保护配置与故障类型关系

根据调相机故障类型，调相机配置了相应的保护配置，具体详见表 7-1-1。励磁变压器、升压变压器保护配置与常规变压器保护配置、原埋相同，此处不再重复介绍。

表 7-1-1　　　　　　　保护配置与故障类型关系一览表

调相机故障类型	保护配置
定子绕组相间短路（两相）	调相机纵差、调相机负序过负荷、复压过流
定子绕组相间短路（三相）	调相机纵差、调相机对称过负荷、复压过流
定子绕组、封闭母线、主变低压侧、励磁变高压侧接地；机端电压互感器匝间短路	注入式定子接地保护 基波零序+三次谐波电压定子接地保护
定子匝间短路、分支开焊	调相机纵向零序电压匝间保护
励磁绕组、直流母排等直流侧接地 励磁变低压侧等交流侧接地	注入式转子接地保护 乒乓式转子接地保护
励磁系统故障、励磁电流异常下降等	调相机失磁保护
铁心过激磁	调相机过励磁保护
励磁过励	调相机过电压保护、励磁绕组过负荷

续表

调相机故障类型	保护配置
系统异常	调相机频率异常保护
非同期合闸	调相机误上电保护
变频起动过程中，定子相间和单相接地故障	调相机启机保护
高压侧失电再恢复过程中，产生的异步冲击电流	低压解列保护
同期合闸前，断路器断口击穿放电	断口闪络保护

第二节　保　护　原　理

一、电气量保护原理

（一）纵差保护

调相机相间短路会引起故障电流剧增，因此需要为保护定子绕组配置纵差保护。调相机纵差保护采用比率制动或变斜率比率制动，差动保护范围为调相机机端 CT 与中性点 CT，从而保证保护范围无死区，保护动作于停机。

调相机完全纵差保护接线及比率制动特性见图 7-1-2，调相机变斜率制动特性见图 7-1-3。

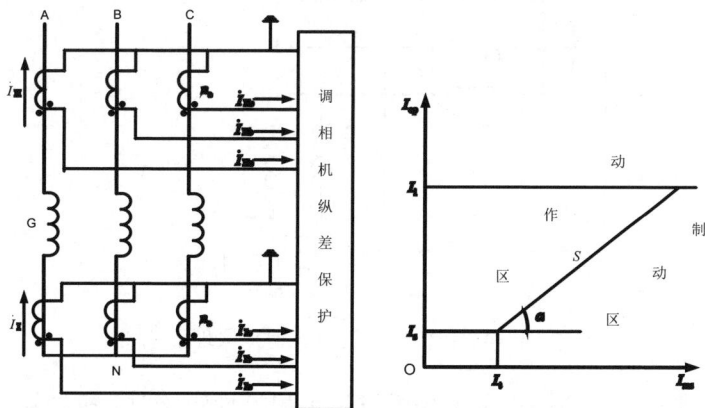

图 7-1-2　纵差保护接线及比率制动特性

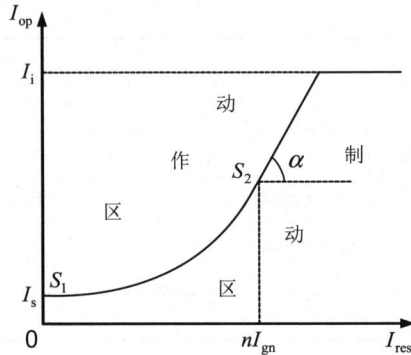

图 7-1-3 变斜率制动特性

（二）匝间保护

因调相机定子绕组同槽上下层线棒绝缘受到机械磨损，污染腐蚀、受热老化等原因，使匝间绝缘逐步劣化，存在发生匝间短路的可能，因此调变组保护中需配置匝间保护，动作于停机。

当调相机定子绕组同分支匝间、同相不同分支间或不同相间短路时，会出现纵向（机端对中性点）零序电压，该电压由专用电压互感器（互感器一次中性点与调相机中性点相连，不接地）的开口三角绕组取得，为防止外部短路时误动作，可增设负序方向闭锁元件。如图 7-1-4 所示。

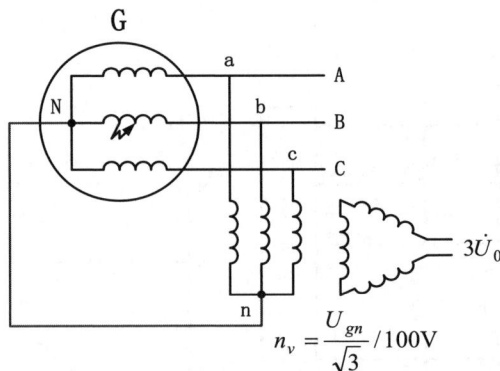

$$n_v = \frac{U_{gn}}{\sqrt{3}}/100\text{V}$$

图 7-1-4 纵向零序过电压保护原理示意图

需要说明的是，调相机定子绕组发生单相接地短路时，机端对地时会出现零序电压，而机端对 N 点的电压不变，所以纵向零序电压仍为零。因此该保护不能保护定子接地短路。

如果调相机定子绕组发生匝间短路。例如 A 相某一分支绕组发生匝间短路，短路匝数占总匝数的百分数α。此时 A 相机端对 N 点电压由于部分匝数被短接，故开口三角输出电压为$3\dot{U}_0 = -\alpha \dot{E}$。

（三）定子接地保护

当调相机定子绕组与铁芯间的绝缘损坏将引起定子绕组的单相接地短路。由于调相机中性点是高阻接地系统，此时接地点的接地电流是调变组系统的综合电容电流。该电流较大时不仅会烧伤定子绕组的绝缘还会烧损铁芯，甚至会将多层铁芯叠片烧接在一起在故障点形成涡流，使铁芯进一步加速熔化导致铁芯严重损伤。故需配置定子接地保护，动作于停机。

按照保护配置定子接地保护分为 100%定子接地保护（即基波零序电压与三次谐波电压定子接地保护组成）、注入式定子接地保护。

（1）基波零序电压保护原理

当出现金属性接地故障时，基波零序电压与接地故障位置近似成正比，接地故障的位置越靠近机端，基波零序电压就越大，通过测量调相机的基波零序电压，可以反映定子接地故障。

A 相绕组的 F 点处发生接地短路，F 点到中性点的匝数占该相绕组总匝数的百分比为α，如图 7-1-5 所示。机端对地的零序电压为$3\dot{U}_0 = -3\alpha \dot{E}_A$。

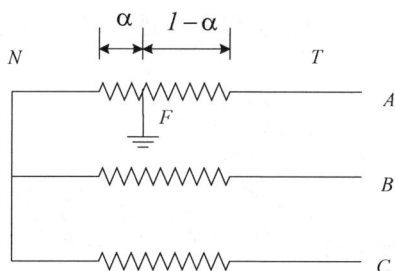

图 7-1-5　调相机定子单相接地短路接线图

零序电压值随短路点位置α的变化而变化的关系如图 7-1-6 所示。在机端单相接地时零序电压最大，在中性点处接地时零序电压为零。

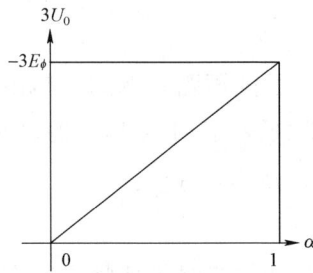

图 7-1-6 在不同 α 处发生单相接地时的 $3U_0$

需要强调的是，若在中性点 N 附近发生接地故障，保护有死区，故基波零序电压保护范围为调相机 85%～95% 的定子绕组单相接地。

（2）三次谐波电压定子接地保护原理

三次谐波电压比率判据只保护调相机中性点 25% 左右的定子接地，机端三次谐波电压取自机端开口三角零序电压，中性点侧三次谐波电压取自发电机中性点 TV。

在调相机正常运行时，中性点侧的三次谐波电压总是大于机端的三次谐波电压，而当中性点附近发生接地时，中性点侧的三次谐波电压则小于机端的三次谐波电压。

（3）注入式定子接地保护原理

三次谐波电压定子接地保护与机组的运行工况有关，两者都受到定子绕组对地电容的影响导致保护死区增大、灵敏度下降等问题，且无法在调相机静止和未加励磁状态下正常工作，为避免以上问题，可采用外加电源式定子接地保护，如图 7-1-7 所示。

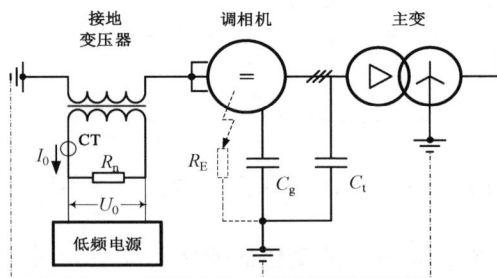

图 7-1-7 注入式定子接地保护原理接线示意图

保护装置通过辅助电源装置将低频电压加在负载电阻 Rn 上，并通过接地变压器将低频电压信号注入调相机定子绕组对地的零序回路中，保护装置测量二次回路的零序电压、零序电流，滤除低频分量后，计算出定子绕组侧接地故障电阻阻值，与零序电流判据组合，可实现 100%定子接地保护。

接地电阻判据与定子绕组的接地点无关，反映调相机定子绕组接地电阻的大小，设有两端接地电阻定值，高定值段作用于报警，低定值段作用于延时跳闸。

考虑到当接地点靠近调相机机端时，检测量中的基波分量会明显增加，导致检测量中低频故障分量的检测灵敏度受到影响。为了提高此种情况下保护的灵敏度，增设接地电流辅助判据。接地电流判据能够反映距调相机机端 80%～90%的定子绕组单相接地，而且接地点越靠近调相机机端其灵敏度越高，因此能够很好的与接地电阻判据构成高灵敏的 100%定子接地保护方案。

（四）转子接地保护

当励磁绕组及其相连的直流回路发生一点接地故障时，由于没有形成短路回路，接地点并没有故障电流，所以并不会产生严重的后果。但是如果继发第二点接地故障时，接地点流过的故障电流将烧伤转子本体和转子绕组，另外气隙磁场发生的畸变会造成转子振动的加剧，还可能引发轴系的磁化。故需配置励磁回路一点接地保护，高定值动作于发信，低定值动作于跳机。

转子接地保护采用乒乓式原理和注入式原理双重化配置，两种类型的转子接地保护整定原则一致。乒乓式转子接地保护原理如图 7-1-8 所示，双端注入式转子接地保护原理如图 7-1-9 所示。

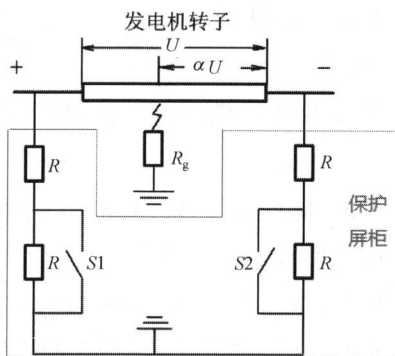

图 7-1-8　乒乓式转子接地保护原理图

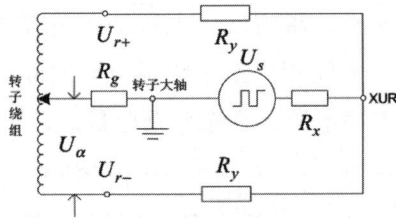

图 7-1-9 双端注入式转子接地保护原理图

注入式转子接地保护在转子绕组的与大轴之间注入方波电源,通过计算接地电阻的阻值,双端注入时可准确测量接地位置。其与乒乓式转子接地相比有如下特点:

(1)不受转子绕组对地电容的影响,不受高次谐波分量的影响,接地电阻测量精度高;

(2)保护灵敏度与转子接地位置无关,保护无死区,在转子绕组上任一点接地都有很高的灵敏度;

(3)在未加励磁电压的情况下,也能监视转子绝缘。

(五)复压过流保护

复压过流保护反映调相机或系统侧的相间短路故障,作为调相机变压器组内部故障的近后备和系统故障的远后备保护,动作于停机。

外部故障时,流过调相机的稳态短路电流不大,所以调相机的过电流保护一般采用低电压启动或复合电压启动。其电流取自发电机中性点或机端的电流互感器,电压取自机端电压互感器的相间电压,复压过流保护动作时间与主变压器后备保护动作时间配合。当调相机为自并励励磁方式时,电流元件应有记忆功能,记忆时间应稍长于动作时限。

(六)定子绕组过负荷保护

调相机定子过负荷保护反映调相机因过负荷或外部故障引起的定子绕组过电流,动作于停机。

定子绕组过负荷保护由定时限和反时限组成,定时限设一段,反时限特性曲线由下限段、反时限段和上限段三部分组成。

当定子电流超过下限整定值时,反时限部分起动,并进行累积。反时限保护热积累值大于热积累定值保护发出跳闸信号。反时限保护,模拟调相机的发热过程,并能模拟散热。当定子电流大于下限电流定值时,调相机开始热积累,如定子电流小于下限电流定值时，热积累值通过散热慢慢减小。

定子绕组过负荷保护动作特性曲线如图 7－1－10 所示，保护曲线应和调相机厂家提供的过负荷曲线配合整定。

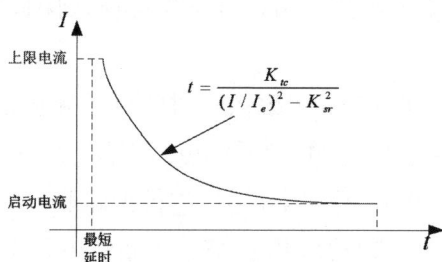

$$t = \frac{K_{tc}}{(I/I_e)^2 - K_{sr}^2}$$

图 7－1－10　定子绕组过电流保护的反时限动作特性曲线

（七）转子表层负序过负荷保护

调相机产生负序过电流时，当负序电流相对值 I_2^{*2} 与作用时间 t（s）之乘积的积分值达到一定数值时，转子表层将过热，有时可能严重烧损转子，为此应装设调相机转子表层负序过负荷保护，动作于停机。

转子表层过负荷保护由定时限和反时限两部分组成，定时限设一段告警，反时限特性曲线由三部分组成，即下限段、反时限段和上限段。保护动作量取调相机机端和中性点的负序电流。

当负序电流超过下限整定值时，反时限部分启动，并进行累积。反时限保护热积累值大于热积累定值保护发出跳闸信号。负序反时限保护能模拟转子的热积累过程，并能模拟散热。

负序过负荷保护动作特性曲线如图 7－1－11 所示，保护曲线应和调相机厂家提供的负序过负荷曲线配合整定。

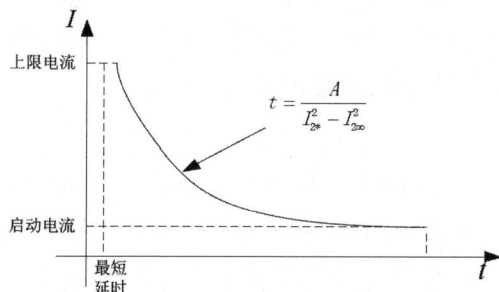

$$t = \frac{A}{I_{2*}^2 - I_{2\infty}^2}$$

图 7－1－11　反时限负序过负荷保护动作曲线图

（八）失磁保护

当出现转子绕组故障、灭磁开关误跳闸等故障可能引发调相机失磁。调相机失磁时需从系统中的吸收无功功率，可能加重了电力系统的电压波动，严重时可能会对特高压直流系统的正常运行产生影响，因此需配置调相机失磁保护，动作于停机。

对于大型隐极调相机而言，失磁故障对机组本身并无损害，其危害主要是由于出现相当大的无功功率差额，使系统电压下降，若系统无功功率储备不足，可能导致系统稳定运行的破坏。因此，调相机失磁后，从其本身安全性看，无需将机组从系统中切除，它是否切除，取决于系统电压下降的程度是否已经影响到系统安全。

失磁保护中无功反向判据动作＋励磁低电压判据动作＋母线低电压判据动作，可选择动作于停机，无功反向判据动作＋励磁低电压判据动作＋母线低电压判据未动作，可选择动作于信号。失磁故障不同于深度进相，失磁保护应能正确区分二者差别。应注意：① 若励磁回路中串接有灭磁开关，失磁保护用的转子电压应接在靠转子绕组一侧。失磁保护用转子电压应能始终反映转子绕组上的励磁电压的变化。② 无功反向判据不允许单独投入。

由于调相机在失磁后仍可维持同步运行，不会导致失步，因此调相机可不必配置失步保护。

（九）过电压保护

当调相机机端出现过电压时，定子铁芯背部漏磁急剧增加，从而使定位筋和铁芯中的电流急剧增加，引起定子铁芯局部发热，甚至会烧伤定子铁芯。过电压越高，时间越长，烧伤就越严重，故需要配置过电压保护，动作于停机。

过电压保护取自机端三相相间电压，设告警定值和跳闸定值。告警段定值应躲过调相机长期运行时的最高工作电压，动作段定值应与电机制造厂提供的允许过电压能力或定子绕组的绝缘状况配合整定。

（十）过励磁保护

当调相机发生过励磁故障时，铁芯的工作磁密升高导致其出现饱和使得铁损增加。铁芯饱和还会使漏磁场增强，漏磁通在穿过铁芯表面和相应结构件中引起的涡流损耗也相应增加，由这些附加损耗引起的温升有可能导致设备绝缘的损坏。调相机并网后，频率与主网保持一致，但机端电压发生过压时，也可造成调相机过励磁。故需要配置过励磁保护，动作于停机。

调相机过励磁保护取机端电压，采用过励磁倍数，即指调相机过励磁运行时铁芯内的磁通密度与额定工况时（额定电压及额定频率时）铁芯内的磁通密度之比。

调相机过励磁保护也分为定时限过励磁保护和反时限过励磁保护。

定时限过励磁保护出口方式为告警，延时均可整定。

反时限过励磁通过对给定的反时限动作特性曲线进行线性化处理，在计算得到过励磁倍数后，采用分段线性插值求出对应的动作时间，实现反时限。反时限过励磁保护具有累积和散热功能。

反时限过励磁保护动作特性曲线如图 7-1-12 所示，保护曲线应和调相机厂家提供的允许过励磁能力曲线配合整定。

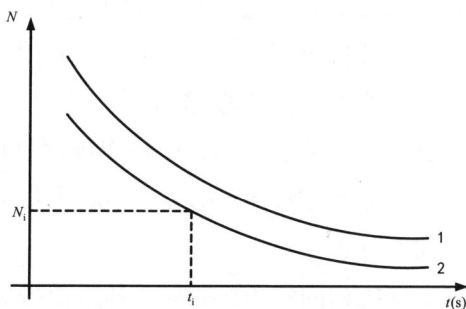

图 7-1-12 反时限过励磁曲线示意图

说明：
曲线1——调相机厂家提供的调相机允许过励磁能力曲线；
曲线2——反时限过励磁保护动作整定曲线。

（十一）误上电保护

调相机拖动过程中，并网断路器误合闸，系统三相工频电压突然加在机端，使同步调相机处于异步启动工况。在异步启动过程中，由于转子与气隙同步速旋转磁有较大滑差，转子本体长时间流过差频电流，转子有可能烧伤；突然误合闸引起转子的急剧加速，由于润滑油压低，也可能损坏轴瓦；当调相机非同期合闸时，如果并网断路器两侧电势相差 180° 附近，非同期合闸电流太大，可能烧伤定子绕组，故需配置误上电保护，动作于停机。

误合闸保护同时取调相机机端、中性点电流，具有正常并网（解列）后自动退出（投入）运行的功能。

（十二）断路器闪络保护

调相机在进行并列过程中，当断路器两侧电压方向为 180°，断口易发生闪络。故需配置闪络保护，动作于停机。

闪络保护经断路器位置接点闭锁，正常并网后通过功能压板退出、解列前通过功能压板投入。断路器断口闪络保护取主变高压侧开关 CT 电流，当断路器处于跳开位置，而主变高压侧负序电流大于定值时，判为发生断路器断口闪络。对于 3/2 断路器接线，两个断路器应可分别判断。

（十三）启机保护

由于调相机无原动机，故需 SFC 拖动启动。在拖动过程中，机端频率不是一个固定值，而是在很大一个范围内波动，基于傅氏算法的差动保护等保护在这个过程中可能失效。故需配置启机保护，动作于停止 SFC。

启停机保护经断路器位置接点闭锁，仅在启机过程中起作用，启机前通过功能压板投入，正常并网后通过功能压板退出。

（1）启机定子接地保护，由装于机端或中性点零序过电压保护构成，不要求滤过三次谐波，其定值一般不超过 10%U0n（U0n 为机端单相金属性接地时机端或中性点的零序电压二次值）。

（2）启机差动保护，反应相间故障的保护，其定值按躲过启机过程中差动回路的最大不平衡电流整定。

（3）低频过流保护，在机组变频启动过程中，相间短路故障的保护，其定值应可靠躲过低频工况下的最大负荷电流。在 SFC 启动过程中投入低频过流保护，这时未并网、频率还未稳定到工频，保护受主断路器位置状态与低频元件控制。

（十四）励磁绕组过负荷保护

励磁绕组过负荷保护反应励磁绕组的平均发热状况，一般取自励磁变低压侧电流。

励磁绕组过负荷由定时限和反时限两部分组成，定时限部分动作于信号，反时限部分动作于停机。反时限特性应和电机厂提供的调相机励磁绕组过热特性配合整定。

当励磁回路电流超过下限整定值时，反时限保护启动，开始累积，反时限保护热积累值大于热积累定值保护发出跳闸信号。反时限保护能模拟励磁绕组过负荷的热积累过程及散热过程。

反时限励磁绕组过负荷保护动作特性曲线如图 7-1-13 所示，保护曲线应和调相机厂家提供的允许过负荷能力曲线配合整定。

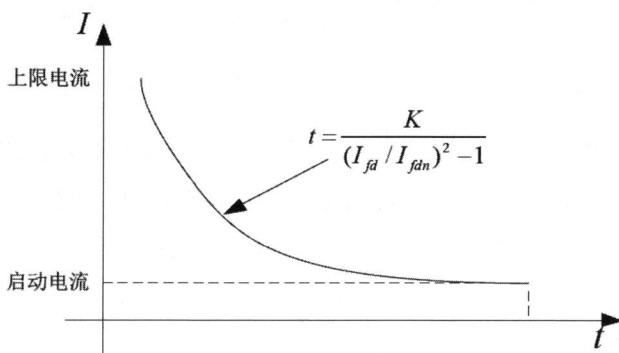

$$t = \frac{K}{(I_{fd}/I_{fdn})^2 - 1}$$

图 7-1-13 反时限励磁绕组过负荷曲线示意图

（十五）非全相保护

调相机非全相运行时将出现负序电流，进而产生负序的定子旋转磁场，可能烧坏调相机转子，因此设置非全相保护，动作于全停。

非全相保护电流取自主变高压侧套管 CT，通过断路器三相不一致动作接点以及零序电流、负序电流来判断断路器的非全相运行状态。主变高压侧只有一个断路器时，该断路器本体的三相不一致动作接点接入保护装置，取主变高压侧套管电流作为辅助判据。对于 3/2 断路器接线，高压侧两个断路器本体的三相不一致动作接点分别接入保护装置。

二、非电量保护原理

调相机组非电量保护动作于跳机或告警。动作于跳机的信号应三重化配置，出口至非电量保护装置。跳机命令应执行跳并网断路器、灭磁，不应启动失灵保护，同时出口至 DCS 用于监视报警。单台机组非电量保护由三台信号转换装置、三台非电量保护装置和两台三取二出口装置共同构成，典型信号传输回路如图 7-1-14 所示。

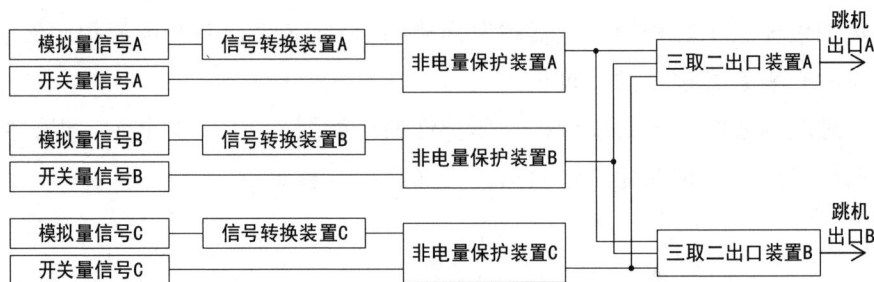

图 7-1-14　调相机组非电量保护典型信号传输回路

非电量保护跳机信号采用"三取二"方式出口，当一组装置或信号异常（非电量保护装置退出、信号转换装置退出或传感器故障等）时，采用"二取一"方式出口；当两组装置或信号异常时，采用"一取一"方式出口。

调相机应配置的热工保护，以及传感器、动作信号、动作结果的要求如表 7-1-2 所示。

表 7-1-2　　　　　　　　热 工 保 护 配 置 要 求

序号	保护名称	传感器	动作信号	动作结果
1	轴振保护	电涡流传感器	轴振高高	跳机
2	瓦振保护	速度传感器	瓦振高高	跳机
3	润滑油供油口压力保护	压力开关	供油口压力低低	跳机
4	润滑油油箱液位保护	磁翻板液位计/导波雷达液位计	润滑油油箱液位低低/润滑油油箱液位	跳机
5	出线端轴瓦温度保护	PT100 铂热电阻	出线端轴瓦温度	跳机
6	非出线端轴瓦温度保护	PT100 铂热电阻	非出线端轴瓦温度	跳机
7	紧急停机	紧急停机按钮	紧急停机	跳机
8	定子线圈进水流量保护（双水内冷机组）	压差开关	定子线圈进水流量低低	跳机
9	转子线圈进水流量保护（双水内冷机组）	压差开关、电涡流传感器	转子线圈进水流量低低、转速大于 2850r/min	跳机
10	外冷水断水保护（空冷机组）	压力传感器、流量传感器	外冷水流量、外冷水压力	跳机

升压变压器应配置的非电量保护，以及继电器、动作信号、动作结果的要求如表 7-1-3 所示。

表 7-1-3　　　　　　　　　升压变压器非电量保护配置要求

序号	保护名称	继电器	动作信号	动作结果
1	升压变瓦斯保护	升压变瓦斯继电器	升压变重瓦斯	跳机
			升压变轻瓦斯	告警
2	升压变油面温度保护	升压变油面温度计	升压变油面温度高、超高	告警
3	升压变绕组温度保护	升压变绕组温度计	升压变绕组温度高、超高	告警
4	升压变油位异常保护	主油箱油位计	升压变油位高、油位低	告警
5	升压变速动油压保护	主油箱压力继电器	升压变速动油压	告警
6	升压变压力释放保护	主油箱压力释放装置	升压变压力释放阀	告警
7	升压变冷却器全停保护/风机全停保护	升压变冷却器控制柜/风机控制柜	升压变冷却器全停延时跳机（强迫油循环风冷变压器）	跳机
			升压变冷却器全停瞬时告警/风机全停瞬时告警	告警
8	有载调压开关瓦斯保护	有载调压开关油流继电器/瓦斯继电器	有载调压开关重瓦斯	跳机
			有载调压开关轻瓦斯（真空灭弧有载调压开关）	告警
9	有载调压开关压力释放保护	有载调压开关压力释放装置	有载调压开关压力释放	告警
10	有载调压开关油位异常保护	有载调压开关油位计	有载调压开关油位高、油位低	告警

　　励磁和 SFC 应配置的非电量保护，以及继电器、动作信号、动作结果的要求如表 7-1-4 所示。

表 7-1-4　　　　　　励磁和 SFC 非电量保护配置要求

序号	保护名称	继电器	动作信号	动作结果
1	励磁变绕组温度保护	励磁变绕组温度计	励磁变绕组温度高、超高	告警
2	励磁变铁芯温度高	励磁变铁芯温度计	励磁变铁芯温度高	告警
3	SFC 隔离变绕组温度保护	SFC 隔离变绕组温度计	SFC 隔离变绕组温度高、超高	告警
4	励磁系统严重故障	励磁调节器	励磁系统严重故障	跳闸

三、SFC 保护

SFC 保护分为 SFC 隔离变压器保护和 SFC 系统保护。

SFC 隔离变压器保护配置及原理同干式变保护一致，单套配置，单独组屏。

SFC 系统保护配置 SFC 变流桥差动保护、过流保护、低电压保护、过励磁保护、超速保护等，用以实现保护 SFC 设备使用过程中可能发生的故障。

四、其他主要自动装置

（一）同期装置

调相机同期并网是两个独立的电源进行合环操作，并网开关两端的电压存在着压差、频差和相角差，若相角差等过大时将对调相机转子大轴产生扭矩，造成永久性损伤，因此并网时要求电压、频率和相角相近。

配置自动准同期装置的目的是在频差和压差合格的情况下，捕捉相角差时机合闸，以减少对系统、主机设备的冲击。

（二）自动电压控制系统（以下简称 AVC）

调相机站配置 AVC 子站，用以接收主站指令，调整调相机机端电压设定值，确保换流站高压侧交流母线电压/调相机无功追踪其设定值（设定值来源于电网 AVC 主站或者人工设定）。

第二章　技　能　实　践

第一节　继电保护装置运行维护

（一）一般规定

（1）调相机严禁无保护运行，正常运行时，应投入 2 套调变组电气量保护、3 套调变组非电气量保护和 1 套转子一点接地保护。

（2）调相机组保护装置投入、退出等处理按主管调度部门调度控制运行管理细则执行。

（3）调相机组保护装置出现异常时，当值运行人员应根据运行规程进行处理，并立即向主管调度汇报，及时通知检修人员。

（4）调相机组保护投入时，先操作功能压板，后操作出口压板；保护退出时，先操作出口压板，后操作功能压板。

（5）调相机组设备状态改变后，应及时将保护装置中反映一次设备状态的把手切至对应位置。

（6）当保护装置交流电压输入回路断线和失压时，应退出带有该电压回路的保护装置，并立即查明原因。

（7）现场人员应定期核对调相机组保护装置的各相交流电流、各相交流电压、零序电流（电压）、差电流、接地电阻、开关量变位等信息，并做好记录。

（8）调相机组保护装置动作后，现场运行人员应按要求做好记录，将动作情况立即向主管调度部门汇报，并打印故障报告，未打印出故障报告前，现场人员不得自行进行装置试验。

（二）电气量保护

（1）电量保护系统定值由设备主管单位提供正式定值，经相关专业批准后下发。

（2）电气量保护因消缺、检修或试验等原因需退出时，应向调度申请同意后整套退出运行；电气量保护可单套短时运行，若两套均退出运行，该台调相机应停运。

（3）调相机主变高压侧断路器断口闪络保护功能在调变组出口开关由运行（或冷备用）转热备用前投入，调变组并网运行或备用状态时退出，该功能由现场根据调变组状态自行投退。

（4）调相机检修时应拉开注入式定子接地保护装置电源开关，防止保护装置反送电。

（5）调相机转子接地保护应有两套，一套为注入式转子接地保护，一套为乒乓式转子接地保护，正常优先投入注入式转子接地保护。

（6）调相机转子接地保护只允许一套运行，另一套转子一点接地保护应在退出状态，并断开与转子连接的相关回路。

（7）投入运行的转子一点接地保护装置异常时，可投入另一套转子一点接地保护，应采取先退后投方式；若两套均无法正常运行时，该调相机应停运。

（三）非电量保护

（1）非电量保护系统定值由设备厂家提供正式定值，经相关专业批准后由运维单位下发。非电量保护参数调整或保护装置（含装置插件）更换后，现场运维人员需与保护厂家共同确认上述定值已按照实际值整定。

（2）设备运行期间严禁在非电量保护传感器、测量表计、控制屏柜附近区域使用无线通信设备，防止电磁干扰引起保护误动。

（3）紧急停机按钮布置在换流站主控制室，采用蘑菇头自锁式双按钮，同时按下触发调相机紧急停机流程。

（4）运行中的非电量保护短时退出，须经运维单位分管生产领导批准。

（5）升压变运行中重瓦斯保护应接跳闸，当差动保护停用时，不得将重瓦斯保护改接信号。升压变由检修或备用状态改为运行前，重瓦斯保护应投跳闸。

（四）自动装置

（1）自动准同期装置正常运行时，不得随意改变装置参数和运行方式，正常运行方式为远方自动准同期。

（2）调相机并网后，同期装置功能及压板应退出。

（3）调相机 AVC 运行方式的投入与退出，应根据所辖调度指令进行。

（4）调相机 AVC 装置故障、异常退出等，应立即向调度汇报，并通知检修。

（5）正常情况下，调相机采取定无功控制方式，通过 AVC 系统实现无功电压自动控制。正常运行状态下，调相机保持低无功运行，为电网故障留足动态无功储备。若系统调压能力不足，可在值班调度员指挥下，通过调整调相机无功进行调压。

（6）调相机 AVC 功能投入远方控制时，现场运行值班人员应监视调相机无功出力和母线电压，发现母线电压不满足规定要求时应及时汇报所辖调度机构值班调度员。

（7）调相机 AVC 功能投入就地控制时，调相机 AVC 子站应在无功调节范围内调整调相机无功出力。现场运行值班人员应监视调相机无功出力和母线电压，发现母线电压不满足规定要求时应及时汇报值班调度员。

第二节 继电保护装置检修

继电保护装置检修项目及其质量要求，按照调相机 A 级检修或 C 级检修执行，具体参见 Q/GDW 11937《快速动态响应同步调相机组检修规范》附录详表 G1、G2 的规定。二次回路检修、保护装置检修主要检修项目如下：

一、二次回路检修

（一）二次回路绝缘检查

用 1000V 绝缘电阻表测量回路对地绝缘电阻，其绝缘电阻应大于 1MΩ。被测二次回路与相关装置、接地点均断开，绝缘试验后，须将试验回路对地放电。

（二）电流互感器二次回路接线检查

二次接线正确，端子排引线压接可靠，有且仅有一点接地。

（三）电压互感器二次回路接线检查

二次接线正确，端子排引线压接可靠；有且仅有一点接地；测量每相电压回路的直流电阻，计算电压互感器在额定容量下的压降，其值不应超过额定电压的 3%，串联在电压回路中的所有空气开关（熔断器）的触点接触可靠。

（四）二次通流通压

在互感器根部通入电流或电压，验证回路正确性，试验时应采取措施，防止电压倒送。

二、继电保护及自动装置检修

（一）外观检查

1. 屏柜及装置清扫

在屏柜内外、柜顶柜底用吸尘器进行清灰处理，在屏柜内外用电子器件专用清洗剂进行擦拭，检查确认设备应无明显积尘。

2. 装置及压板检查

各插件无松动、外观检查无异常；压板外观正常、接线压接良好。

3. 端子排及接线检查

端子排应无损坏，固定牢固；导线与电气元件间采用螺栓连接等，均应牢固可靠；备用芯预留长度至屏内最远端子处并安装线帽；检查光纤端接平整、清洁。

4. 屏蔽接地检查

检查屏蔽电缆的屏蔽层两端均接地，且牢固可靠。

5. 标识检查

屏柜的正面及背面各元件、端子牌等应标明编号、名称、用途及操作位置，其标明的字迹应清晰、工整。

6. 防火密封检查

电缆沟进线处和屏柜内底部应安装防火板，电缆缝隙应使用防火堵料进行封堵，密封良好。

（二）上电检查

装置上电后能正常工作，显示屏清晰，文字清楚；检查并记录装置的硬件和软件版本号、校验码等信息，确认无误；装置时钟与卫星时钟一致。

第三节　继电保护装置试验

一、电气量保护试验

（一）工作电源检查

（1）保护装置在80%额定工作电压下应稳定工作。

（2）试验直流电源由零缓慢上升至 80%额定电压时，装置自启动正常；

（3）直流电源拉合试验，保护装置断电恢复过程中无异常，通电后工作稳定正常。

（二）零漂及采样精度检查

在保护屏柜的端子排处把外部的电流或电压回路断开，用继电保护测试仪施加相应的电流或电压，在保护装置上读取电流或电压的幅值和相位。

（1）检验零点漂移。保护装置不输入交流电流、电压量时，一般电流零漂值不大于 $0.01I_n$，电压零漂值不大于 0.05V。

（2）各交流电流、电压输入的幅值和相位精度检验。分别输入不同幅值和相位的电流、电压量，要求电流、电压采样误差不超过 2.5%，相位误差不超过 3°。

（三）开关量检查

在保护屏柜的端子排处把外部强电开入量回路断开，在相应端子加入激励量，观察装置行为。强电开入回路继电器的启动电压值不应大于 0.7 倍额定电压值，且不应小于 0.55 倍额定电压值，同时继电器驱动功率应大于 5W。

（四）保护装置定值试验

（1）在保护屏柜的交流端子排处加入相应的电流、电压等模拟量，保护出口方式应正确，保护动作值、动作时间应正确，保护逻辑应正确。

（2）对于注入式定子接地保护和转子接地保护等特殊保护，应外接入可调电阻，模拟励磁电压等外部条件，完成接地高定值告警、低定值跳闸功能验证和接地位置测试。

（五）整组试验

模拟故障带实际断路器进行整组试验，动作行为正确，装置面板显示、故障录波信号、监控后台信息等正确无误。

（六）投运前定值及开入量状态核查

核对定值及开关量状态，定值应于审核后的定值单一致，且无异常信号和开入。

二、非电量保护及三取二出口装置试验

（一）工作电源检查

（1）保护装置在 80%额定工作电压下应稳定工作。

（2）试验直流电源由零缓慢上升至 80%额定电压时，装置自启动正常。

（3）直流电源拉合试验，保护装置断电恢复过程中无异常，通电后工作稳定正常。

（二）开入量检查

（1）模拟保护压板投退、外部开入，各功能应正确。

（2）在保护屏柜的端子排处把外部强电开入量回路断开，在相应端子加入激励量，观察装置行为。强电开入回路继电器的启动电压值不应大于 0.7 倍额定电压值，且不应小于 0.55 倍额定电压值，同时继电器驱动功率应大于 5W。

（三）非电量继电器动作校验

测量继电器动作电压、返回电压、动作电流及功率，功率应大于 5W。

（四）三取二逻辑校验

（1）3 台非电量保护装置均正常运行，此时逻辑为三取二。

（2）某 1 台非电量保护装置由于故障退出正常运行（或者非电量保护装置正常运行，但是与三取二出口装置通信中断），导致只有 2 台非电量保护正常运行，此时逻辑为二取一。

（3）某 2 台非电量保护装置同时由于故障退出正常运行（或者非电量保护装置正常运行，但是与三取二出口装置通信中断），导致只有 1 台非电量保护正常运行，此时逻辑为一取一。

（五）整组传动

热工专业就地配合加量或者强制信号，模拟故障带实际断路器进行整组试验，动作行为正确，装置面板显示、故障录波信号、监控后台信息等正确无误。

（六）投运前定值及开入量状态核查

核对定值及开关量状态，定值应于审核后的定值单一致，且无异常信号和开入。

三、同期装置试验

（一）工作电源检查

（1）保护装置在 80%额定工作电压下应稳定工作。

（2）试验直流电源由零缓慢上升至 80%额定电压时，装置自启动正常。

（3）直流电源拉合试验，保护装置断电恢复过程中无异常，通电后工作稳定正常。

（二）零漂及采样精度检查

在屏柜的端子排处把外部的电压回路断开，用继电保护测试仪施加相应的电压，在装置上读取电压的幅值和相位。

（1）检验零点漂移。装置不输入交流电压量时，一般电压零漂值不大于0.05V。

（2）各交流电压输入的幅值和相位精度检验。分别输入不同幅值和相位的电压量，要求电压采样误差不超过 2.5%，相位误差不超过 3°。

（三）自动准同期功能校验

（1）装置同期点检验。

（2）调压、调频功能测试。

（3）同步继电器校验。

加入机端电压及系统电压，经校验，同期检查继电器闭锁功能有低电压闭锁和相角差闭锁。

（四）回路检查

（1）同期装置至 DCS 的信号回路检查。

（2）同期电压回路检查。

（3）合闸回路检查。

（五）整组试验

模拟系统假同期试验条件，由 DCS 启动同期装置，同期装置将发合闸脉冲，将并网开关合上，根据录波波形记录开关合闸导前时间，同期装置面板显示、监控后台信息等正确无误。

（六）投运前定值及开入量状态核查

核对定值及开关量状态，定值应于审核后的定值单一致，且无异常信号和开入。

第四节　继电保护装置典型案例分析

一、保护定值整定错误导致跳机

（一）问题描述

2022 年 10 月 31 日 00 时，某站 1 号调相机按照调度令在最大进相工况下运行（－150Mvar）。3 时 8 分 46 秒，某站因直流降压运行，换流阀消耗无功增大导致无功的交换量超过设定值，无功控制程序自动投入交流滤波器（容量260Mvar），无功的突然变化触发 1 号调相机励磁调节器动作，使得机组进相无功进一步加深，低励限制由于延时未动作。3 时 8 分 48 秒，无功功率达到失磁保护Ⅱ段定值，1 号调相机第一套调变压组保护出口动作，机组全停。

（二）原因分析

无功定值配合关系应为机组最大进相深度＜失磁保护段无功定值＜低励限制无功定值＜正常进相运行边界。其中机组最大进相深度目前由失磁保护试验实测，失磁保护Ⅱ段无功定值由调度部门根据最大进相深度及正常运行边界整定，低励限制无功定值由现场根据失磁保护Ⅱ段定值整定，正常运行边界300Mvar 级调相机为－150Mvar，配合关系如图 7－2－1 所示。

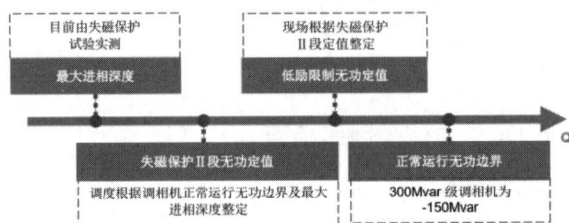

图 7－2－1　无功级差配合关系

经查基建调试资料、定值单等材料，该站 1、2 号调相机配合关系见表 7－2－1。

表 7－2－1　　　　　1、2 号调相机无功级差配合表　　　（单位：Mvar）

机组	最大进相深度	失磁保护Ⅱ段无功定值	低励限制无功定值	正常运行无功边界
1 号	－179.3	－151.8	－150	－150
2 号	－177.1	－151.8	－150	－150

由表可知低励限制无功定值与正常运行无功边界重合，当机组在边界正常运行时，低励限制可能动作，造成机组无法发挥最大进相能力。失磁Ⅱ段定值与低励限制无功定值级差仅有 1.8Mvar，造成低励限制无法充分发挥作用时，失磁保护Ⅱ段不必要动作。

在考虑最大进相深度、励磁限制动作特性、失磁保护判据等综合因素，级差考虑取 10Mvar，见表 7-2-2。

表 7-2-2　　　　　1、2 号调相机无功级差配合表　　　　（单位：Mvar）

机组	最大进相深度	失磁保护Ⅱ段无功定值	低励限制无功定值	正常运行无功边界
1 号	−179.3	−165	−155	−150
2 号	−177.1	−165	−155	−150

以某站 1 号机组采用该配合关系后为例，该机组接调度令于 −150Mvar 最大进相运行，在直流功率升降过程中无功控制程序自动投入容量 310Mvar 交流滤波器，无功的突然变化触发了 1 号调相机的调节作用，机组无功输出快速下降，达到低励限制启动值。低励限制由于 500ms 的动作延时没有马上发挥作用，限制启动约 215ms 失磁保护Ⅱ段达到启动值，保护启动约 315ms，无功功率在低励限制的作用下达到保护返回值，保护未出口，无功变化及动作情况如图 7-2-2 所示。

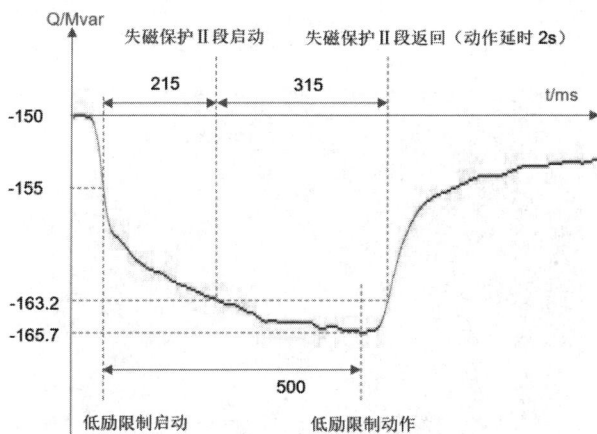

图 7-2-2　低励限制与失磁保护动作情况

通过上述分析，此次 1 号调相机停机原因为励磁调节器低励限制定值与失磁保护Ⅱ段定值级差不足，低励限制无法充分发挥作用，失磁保护Ⅱ段不必要动作。

（三）处理措施

（1）依据运行经验，考虑到正常运行无功波动等情况，低励限制无功定值与机组正常进相运行边界间至少留有 5Mvar 级差。失磁Ⅱ段无功定值整定时应在考虑最大进相深度情况下，尽量与低励限制留有尽可能大的级差。

（2）失磁保护试验得到的最大进相深度结果受试验工况影响较大，在整定时应充分考虑调相机制造厂提供的机组最大进相深度设计值。

（3）由于失磁保护定值等涉网定值由调度部门归口管理，设备管理单位在新机正式投运前应将整定单及定值计算书向调度部门报备。

二、二次回路接线错误导致动作行为不正确

（一）问题描述

某站 2 号调机组注入式转子接地保护正确动作，调相机组第一套保护收到开关量变位信号，保护正确动作，而调变组第二套保护未收到开关量变位信号，保护未正确动作。

（二）原因分析

经检查为调变组电气量第二套保护屏信号公共端线未接入，导致调变组第二套保护装置接收不到跳闸开入信号，现场接线如图 7-2-3 所示。

图 7-2-3　现场公共端线未接入

（三）处理措施

严格开展现场图实一致性检查、二次回路检查和保护整组试验，提前发现回路隐患带来的保护动作行为不正确。

三、注入式定子接地保护装置异常分析

（一）故障描述

2021 年 3 月 15 日 21 时 49 分，某站调相机后台报 1 号调变组第一套电气量保护运行异常告警，保护装置检查报文为"定子注入回路异常""闭锁调相机后备保护""装置报警"。故障发生时 1 号调相机系统主要参数正常，无明显变化。

（二）原因分析

现场检查注入式定子接地保护辅助电源装置无异音无异味，运行指示灯显示正常，无异常告警。现场分别测量了注入式定子接地保护辅助电源装置的空载输出电压与短路电流，正常应为 30V 与 3A 左右，表明辅助电源装置有足够的短路电流输出能力，而现场实际测量装置空载输出电压仅为 28V，短路电流仅为 0.3A，短路电流严重偏低，表明装置输出能力不足。

综合检查情况，确定故障原因为 1 号调相机注入式定子接地保护辅助装置故障，电流输出能力不足，导致 1 号调变器组第一套调变组保护定子注入回路异常报警。

对注入式定子接地保护辅助电源装置进行检测，低频方波电源部分正常，但带通滤波器部分的电感存在异常，电感有烧毁痕迹。对电感值进行检测，正常情况下电感值应该在 500mH 左右，故障装置电感仅为 52.53mH。

带通滤波器由电感、电容、电阻串联组成。该滤波器将电源输出的方波信号进行整形滤波，形成低频正弦交流信号，其内部阻抗约为 8Ω 左右。低频电压通过发电机中性点接地变压器，注入发电机定子绕组上，供保护测量使用。在发电机发生定子接地故障时，负载电阻回路上可能有较大的工频电压，带通滤波器阻止该工频电压对方波电源形成冲击。其原理图如图 7−2−4 所示。

本次故障过程中，电感由于匝间故障，造成电感值严重偏低，使得带通滤波器频带升高，阻止了低频方波通过滤波器，导致了装置 20Hz 电流输出能力不足。

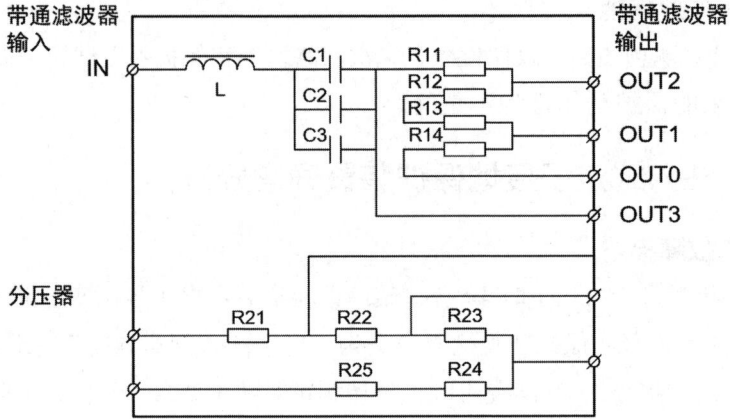

图 7-2-4 带通滤波器原理图

（三）处理措施

现场更换注入式定子接地保护辅助电源装置备品，更换后装置空载输出电压 29v，短路输出电流 3.7A，输出能力正常；装置更换后 1 号调相机注入式定子接地 20Hz 电压为 1.234V，注入式定子接地 20Hz 电流 3.04mA，1 号调变组第一套电气量保护恢复正常。